学生最喜爱的

XUESHENGZUIXIAID

U0611899

地球上的
沙漠雨林

姜延峰◎编著

在未知领域 我们努力探索
在已知领域 我们重新发现

延边大学出版社

图书在版编目（CIP）数据

地球上的沙漠雨林 / 姜延峰编著 . —延吉：延边
大学出版社 , 2012.4（2021.1 重印）
　ISBN 978-7-5634-4705-3

　Ⅰ . ①地… Ⅱ . ①姜… Ⅲ . ①沙漠—青年读物②沙漠
—少年读物③雨林—青年读物④雨林—少年读物
　Ⅳ . ① P941.73-49 ② S718.54-49

　中国版本图书馆 CIP 数据核字 (2012) 第 058623 号

地球上的沙漠雨林

编　　　著：姜延峰
责 任 编 辑：崔　军
封 面 设 计：映象视觉
出 版 发 行：延边大学出版社
社　　　址：吉林省延吉市公园路 977 号　　邮编：133002
网　　　址：http://www.ydcbs.com　　E-mail：ydcbs@ydcbs.com
电　　　话：0433-2732435　　传真：0433-2732434
发行部电话：0433-2732442　　传真：0433-2733056
印　　　刷：唐山新苑印务有限公司
开　　　本：16K　690×960 毫米
印　　　张：10 印张
字　　　数：120 千字
版　　　次：2012 年 4 月第 1 版
印　　　次：2021 年 1 月第 3 次印刷
书　　　号：ISBN 978-7-5634-4705-3

定　　　价：29.80 元

前言 ●●●●●●
Foreword

地球上沙漠的面积约占地球总面积的 1/3，亚洲地区的沙漠主要分布在中国的西北部、印度西北部与巴基斯坦交界处，以及沙特阿拉伯境内大部分地区等。而非洲、大洋洲、南北美洲也各有分布。在这些沙漠中，最著名、最为人知晓也是世界上面积最大的沙漠是撒哈拉沙漠。

这些沙漠都是经过很长时间的累积演变而成的，与自然和人类活动的影响都有关系。就自然界方面的因素来说，风是沙漠形成的原始动力，沙是形成沙漠的物质基础，而干旱则是出现沙漠的必要条件。风力作用使地表裸露，或者仅仅剩下些砾石，成为荒凉的戈壁。那些被吹跑的砂粒在风力减弱或遇到障碍时堆成许多沙丘，这些沙丘，大小高低各有不同，一般有 20～30 米高。而且很多沙丘都是朝一个方向排列的，形成新月形沙丘；还有些沙丘，则是平行排列，这不同形态的沙丘，都

是风作用的结果。

而像地质时代的内海、湖泊常常是泥沙、砾石堆积的地方，当地壳运动、湖海干涸，也有可能形成沙漠。这些都是自然方面的原因，但并不是形成沙漠的全部因素。据一些考古学家发现，有的沙漠曾经是森林、草地或良田所在的位置，如我国西北现在的沙漠，有许多地方本来也是肥美的耕地和草原，但由于人为的破坏，这些田园变成了沙漠。此外，沙漠的形成还有它的社会原因。比如战争、比如人口增长被迫毁林增加住宅面积等等，都是沙漠形成的原因。

雨林与沙漠相比，则是另一番景象。雨林区在地理位置上主要在赤道附近，根据其位置的不同，雨林可分热带雨林和温带雨林。在赤道经过的非洲、亚洲和南美洲都有大片的雨林，且湿润的气候给树和植物的生长提供了保障。同时，树和植物也为雨林中的成千上万种生物提供了食物和庇护所。此外还有亚热带雨林，分布在南、北纬10°之间的迎风海岸。该处有雨季和旱季之分，有温度和日照的季节变化。亚热带雨林的树木密度和树种均较热带雨林稍少。

沙漠与雨林代表着地球上两种不同的景观，前者是炎热干旱，环境恶劣，不适于动植物的生存生长；后者是温和湿润，地球上很多动植物都是在雨林区发现的。沙漠和雨林在地球上具体有什么特点？这些事物对人类的生存又有着怎样的影响呢？让我们一起来揭开沙漠和雨林的神秘面纱，走进这片广阔的天地，了解它们的形成原因和不同特点。

阅读本书可以让广大青少年朋友更详细、具体地认识沙漠和雨林，学会合理利用自然资源，掌握大自然的"习性"，与大自然更好地相处。领略大自然的不同景观，不仅可以增长自己的知识，开阔视野，还能从中体会到科学地理的魅力和趣味，希望本书对您有所帮助，敬请欣赏。

目录

CONTENTS

第❶章

了解沙漠和雨林

第❷章

地球上的沙漠

第❸章

地球上的雨林

了

解沙漠和雨林

第二章

地球上的沙漠

Di Qiu Shang De Sha Mo

沙漠也叫"沙幕"，是地面被沙砾覆盖、植被稀少、空气干燥且缺水的荒芜地带。一般认为沙漠荒凉且无生命，所以又有"荒沙"之称。由于沙漠中气候恶劣、环境干燥，因此不适宜动植物的生长，但这并不表示沙漠中就没有动植物的存在。事实上，沙漠中也是有很多的动物，只不过这些动物大部分都是晚上才出来活动。

地球上的陆地面积为 1.62 亿平方千米，占地球总面积的 30.3％，其中约 1/3（4800 万平方千米）是干旱、半干旱的荒漠地，沙漠面积已占陆地总面积的 10％，而且这些荒漠正以每年 6 万平方千米的速度不断扩大着。还有 43％ 的土地正面临着沙漠化的威胁。

※ 沙漠

◎沙漠的成因：

形成沙漠的关键因素是气候，土地沙漠化主要出现在干旱和半干旱地区。

热带沙漠的成因：主要是受到副热带高压笼罩，空气多下沉增温，抑制地表对流作用，难以致雨。若为高山阻隔、位处内陆、或热带西岸，均可以形成荒漠。例如澳洲大陆内部的沙漠，就是因为海风抵达时，已散失所有水分而形成的。有时，山的背风面也会形成沙漠。地面物质荒漠并非全是沙质地面，更常见为叠石地面或岩质地面；地面尚有湖和绿洲。

但在沙漠的边缘地带，原生植被可能是草地，由于人为原因沙化了，因此沙漠的形成也与一定的人为因素有关，这些因素主要体现在以下几个方面：

（1）不合理的农垦；

（2）过度放牧；

（3）不合理的樵采。

◎沙漠的气候：

由于沙土的比热较小，所以沙漠地区日温差变化极为显著，气候变化也颇大，平均年温差一般在 30℃ 以上；绝对温度的差异也往往在 50℃ 以上；夏秋季午间 14：00 左右，地表温度可高达 60～80℃，到夜间却可降至 10℃ 以下。沙漠地区经常晴空万里，

※ 一望无际的沙漠

风力强劲，最大风力可达飓风程度。沙漠地区的气候干燥、雨量稀少、年降水量平均在 250 毫米以下，有些沙漠地区的年降水量甚至达到 10 毫米以下（如中国新疆的塔克拉玛干沙漠）；但是有的沙漠地区也有突然而来的大雨。沙漠地区的蒸发量很大，远远超过当地的降水量；空气的湿度偏低，相对湿度可低至 5%。

◎沙漠的特点：

1. 泥土

泥土是沙漠的重要组成部分，在沙漠的干燥地区的泥土中往往含有很多矿物质，这是因为重复的水储积把原有的土壤变成盐性层，盐溶液里沉淀的碳酸钙可以把沙粒和石子变成 50 米厚的"水泥"。硝石层是沙漠土壤中常见的红棕色和白色层。它一般成块，有时也包裹在矿物颗粒的外面，是由水和二氧化碳之间复杂的相互作用形成的。二氧化碳来自植物根部，或者有机品腐烂的副产品。

2. 植物

由于沙漠的特殊性，导致沙漠上的植物分布比较稀薄，但是品种很多，且寿命比较长。重点植物主要有：光棍树、佛肚树、百岁兰、芦荟、金琥、秘鲁天伦柱、生石花、巨人柱、斑锦变异等。仙人掌是最常见的沙漠植物，为了适应干旱沙漠生活条件，它的植物体呈多汁肉质，以贮藏水分；叶形成针状，以防水分大量蒸发。在美国西南部的沙漠里，柱仙人掌可以活 200 年，高 15 米，重 10 吨，被人们形象地称为沙漠里的树。这种柱仙人掌成长很慢，9 年之后才有 15 厘米，75 年才分第一个枝。因为外形庞大，从远处看起来好像沙漠里有很多仙人掌。另外，豌豆类和向日葵类植物也可以在干燥酷热地域生存。梭梭也是沙漠中独特的灌木植物，平均高达 2～3 米，有的高达 5 米，被称为"沙漠植被之王"，寿命也可达百年以上。春季，冰冷的沙漠里一般长草或灌木丛。

※ 仙人掌

沙漠玫瑰：四季开花不断，形似小喇叭，绽开时三五朵成一丛，灿烂似锦，艳丽无比。因生长在接近沙漠的地区且其花色红如玫瑰，因而得名沙漠玫瑰。

　　沙漠玫瑰石：一种诞生在沙漠的石膏类晶体，主要成分为碳酸钙和石英。因其形成的地理条件特殊、产量稀少，又状如玫瑰，故称它为沙漠玫瑰石。

3. 水源

　　沙漠里虽然不经常下雨，但偶尔下的雨却常常是暴风雨。如撒哈拉沙漠就曾经有过在 3 个小时内降水 44 毫米的记录。这种时候，平常干旱的河道会很快充满水，所以容易发洪水。在水量比较充足的时候，沙漠里会形成季节湖，湖水一般较咸较浅。由于湖底很平，风会把湖水吹到几十平方千米以外的地方，小湖干了之后会留下一个盐滩。在美国有上百个这样的盐滩，它们大多是 12000 年前冰河时期的大湖的遗物。其中最著名的是犹他州的大盐湖，平平的盐滩是赛车、飞机跑道和宇航器降落的好地方。

　　沙漠地区降雨量比较少，水源主要靠附近高山流出的河流进水。这些河流一般带有很多泥土，在沙漠里持续一两天的流程就干了。世界上能够流通沙漠的大河只有几条，如埃及的尼罗河，中国的黄河和美国的科罗拉

※ 科罗拉多河

多河。

4. 矿物储藏

沙漠中的水能够溶解矿物质，然后把矿物集中在地下水面附近，成为人类可利用且容易开发的储藏，如沙金。

盐滩上的水蒸发后，留在表面的矿物质有石膏、盐（包括钠硝酸盐和氯化钠，和硼酸盐）等。从硼砂和其他硼酸盐炼出来的硼，是制作玻璃、陶瓷、搪瓷、农业化学制品、软水剂和西药的一种基本成分。

19世纪，南美洲的阿塔卡马沙漠就出产很多钠硝酸盐，主要用于炸药和肥料的制作。在第二次世界大战期间出产的硝烟盐达到了三百万吨之多。

世界上的石油储藏大多在沙漠地带，但是这些储藏并不是因为沙漠中的干燥气候形成。在这些地区成为沙漠之前，它们是浅海，石油为海底植物形成。

| 拓展思考 |

1. 你认为防止土地沙漠化最好的方法是什么？
2. 沙漠中有哪些动物？为什么只有骆驼被称为"沙漠之舟"？
3. 电影《沙漠玫瑰》主要讲了一个怎样的故事？

地球上的沙漠雨林

地球上的雨林

Di Qiu Shang De Yu Lin

雨林，以其柔美、清丽、湿润的名字给人留下了深刻印象，也让人在无限遐想中将它牢记心底。那么就让我们随着下文对雨林做更多的了解吧！

人们习惯把地球上雨量非常多的生物区域称为雨林，所以雨林也有它的地域性。在地理位置上，雨林区主要靠近赤道，在赤道经过的非洲、亚洲和南美洲都有大片

※ 雨林

的雨林。根据位置的不同，雨林又可分热带雨林、亚热带雨林和温带雨林。

1. 热带雨林：分布在约北纬 10°～南纬 10°之间的热带地区。长年气候炎热，雨水充足。

2. 亚热带雨林：分布在南、北纬 10°之间的迎风海岸。该处有雨季和旱季之分，有温度和日照的季节变化。树木密度和树种均较热带雨林稍少。

3. 温带雨林：主要分布在美国华盛顿州的奥林匹克半岛和阿拉斯加的东南部；加拿大温哥华岛的西海岸；在南半球的智利和澳大利亚的塔斯马尼亚也有发现。

此外，还有红树雨林、平原湿地森林和洪泛森林等。雨林中湿润的气候给树和植物的生长提供了保障，同时雨林也成为树和植物以及成千上万种生物的食物供养地和庇护所。

这些丰富多样的植物，又能够吸收二氧化碳并释放出氧气，因此，雨林被人们形象地称为"地球之肺"。至于雨林被称为"世界最大药厂"，是因为大量自然药物或药物的原材料都可以在那里找到。全球所用的药物中，几乎一半都是来自雨林。

除热带地区外，雨林在世界各地均有广泛的分布，在加拿大、美国和俄罗斯等温带地区也可以见到雨林的存在。这些森林同热带雨林一样，一年四季都有充足的雨水，附着的冠层都富含丰富的物种多样性，仅有的局限性条件是，它缺少热带雨林所拥有的终年的温暖和阳光。

由热带雨林变为其他类型的森林是需要一定条件的，其中主要取决于海拔、纬度以及各种土壤、水分和气候条件等因素。这些森林类型又形成各种各样的植物类型，正是这些丰富的植物类型造就了热带地区的生物多样性。

曾经的雨林，覆盖了地球上14％的土地表面，如今实际存在面积只剩下6～8％，即整体表面的2％。虽然雨林覆盖地球上的面积较小，但却有一半以上的动物和植物的品种在雨林中出现。

◎类型

1. 湿润热带雨林

湿润热带雨林主要包括：赤道常绿雨林和湿润雨林两种类型。

赤道雨林平均每年的降水量都超过2000毫米，通常被认为是"真正的雨林"。湿润雨林又包括季雨林和山地雨林（也称云雾雨林）。这些森林都有着高度的生物多样性和发达的植物"阶层"。赤道雨林类型占世界上的热带湿润雨林面积的大约三分之

※ 热带雨林

二。这些森林靠近赤道，季节变化很小，终年太阳照射时间不变。最广阔的赤道雨林发现位于低洼的亚马逊、刚果盆地、印尼的东南亚群岛以及巴布亚新几内亚等地区。

热带湿润雨林位于离赤道较远的地方，这里降水量和日照长度随季节变化而发生变化。这些森林的年降雨量只有1270毫米，季节干冷，与赤道雨林有着明显差别。旱季，许多树木掉落甚至掉光了叶子，"阶梯"状冠层季节性减少，从而使更多的阳光照射到地面。充沛的光照促进了在赤道森林低地不曾发现的林下灌木层的生长。这样的湿润森林在南美、加勒

比海、西非和东南亚的部分地区也被发现过，尤其在东南亚的泰国、缅甸、越南和斯里兰卡等发现的比较多。

2. 次生森林

次生森林主要指的是天然或人为地受到一定程度破坏的森林类型。它有多种形成方式，通常次生林有着欠发达的冠层结构，树木较小，而且种类也较少。由于缺少发达的冠层，到达地面的光照较多，地面植被比较茂盛。用"丛林"来形容次生林稠密的地表再合适不过，一些湿热带森林在季节更替变化时，其地表植被也很发达。

※ 次生森林

3. 热带低地雨林

热带低地雨林又称低地森林，指的是那些通常生长在不低于 1000 米高度上的平地上的森林，当然这个高度也会随具体位置的变化而变化。地球上大多数热带雨林都属于低地热带雨林，低地原始森林通常有超过 5 条的森林"阶梯层"，并且树木高大，比起湿润林来说有着更复杂的多样性。低地森林里有种类繁多的果树，使许多动物养成了食用水果的习性，也为一些大型哺乳动物提供了食源。与湿润森林比，低地森林面临着更多的威胁，这是因为它的易适应性，并且它有着许多适宜农业的土壤和很多用作木材的珍贵硬木。在很多国家，所有的低地森林实际上都已经不复存在，剩下的仅仅是湿润森林。

4. 热带山地雨林山地森林或云雾森林

热带山地雨林又称，是指那些生长在 3300 米的山上的森林。高的山地林一般在 2500～3000 米高度以上，显现出"云里雾里"的森林形态。云雾森林从来自潮湿低地的薄雾中获得它所需要的大部分水源。由于云雾森林的树木明显比低地森林的矮很多，因此它们没有较发达的冠顶，却有着很繁盛的附生植物，这些植物靠流经的雾气带来的充足的水汽生存。像生长在厄瓜多尔、秘鲁、哥伦比亚和委内瑞拉等国家的安第斯山脉；中美洲（尤其哥斯达黎加的蒙特韦尔德）；婆罗洲（基纳巴卢山）以及非洲（埃塞俄比亚、肯尼亚、卢旺达、扎伊尔、乌干达）等地区的林木，通常是在稠密的苔藓和漂亮罕见的兰花的簇拥下显得郁郁葱葱。

5. 季节森林

季节森林最初是在亚洲、非洲东西部、澳大利亚的北部和巴西的东部发现的。它是热带湿润或者季节性的雨林。有较为显著的干冷季节和多雨季节。与赤道附近的雨林相比，这些森林在物种上并没有很大的差别，但在树木的高低方面要矮很多。

※ 季节森林

由于人类耕种的缘故，季节性森林在全世界范围内受到了很大的威胁，尤其在西非，那里有超过90％的海岸边的森林和季节森林遭到清除。

6. 平原湿地森林

泛滥平原森林即是平原湿地森林的洪水期具有季节性特点。与沼泽森林不同，平原湿地森林每年能从湖水江河中补充养分，土壤相对比较肥沃。所以这种森林比热带雨林更适合农作物的生长，也更适于农业发展，故此，它们受着最大的威胁。尽管这种森林在亚马逊大量发现，但由于经济发展的原

※ 湿地森林

因，加上人为的破坏，它们消失的很快。尤其是位于河岸边和岛屿上的，这种情况更为显著。由于这些森林的根基被那些自然曲折的处于热带低地的河流侵蚀，因而它们的生存期相对较短。研究表明，在秘鲁大多数的泛滥平原森林很少有超过200年的，而且它们的更替率超过了1.6％，这意味着这些树的平均寿命只有63年。正是因为这个原因，泛滥平原森林总是在某些阶段被优势物种所替代，如Cecropia被木棉和无花果树替换而远离河流。

7. 石南森林

石南林往往建立在排水较好，但养分较差的沙地土壤上。这些森林主要由长得比较"短小"的树种和那些特定的能够忍耐贫瘠的酸性土壤的植

物组成。在那里，更多的阳光可以直接照射到森林的地面，使树木生长得更加密集。石南林与黑河或者卡汀珈群落森林一样有名，是由黑河灌溉的，最初发现是在亚马逊流域和亚洲的部分地方。

8. 泥炭森林

在非洲的一小部分地方、南美的东北部和东南亚的大块区域（尤其是在婆罗洲和苏门答腊）分布着泥炭森林。这些沼泽新林出现在死亡的植物浸泡堆积形成泥煤的地区。这些泥煤就像是海绵，会在少雨期阻止湿气蒸发而多雨期吸收雨量。如果泥煤沼泽森林因为农业工程而被排干，它们就很容易燃烧起来。要扑灭泥煤沼泽森林的火灾是非常困难的，因为森林大火已经延伸到深层的泥煤了。1997～1998 年间，受厄尔尼诺干燥气候的影响，印度尼西亚数以千计的泥煤沼泽森林发生了严重的火灾。

9. 洪泛森林

洪泛森林也属雨林的一种，它经常会在洪水季节被长时间的淹没。这种类型最有名的森林代表在亚马逊流域，它们在那里占到总雨林面积的 2%。由于其湿润的不稳定性，且土壤排水不良，洪泛森林的树木要比其他没有被淹没森林的树木短，因此它有时被称作"沼泽森林"。许多洪泛森林的树

※ 森林

种有着较高的树根，树根如同拱柱一样支撑着它的结构。洪泛森林一年中有大约 4～10 个月被洪水淹没，鱼类在这种森林的种子传播方面起着很重要的作用，它经常在洪水季节被长时间的淹没，有时被人认为是永久淹没的雨林。

10. 菲尔梅森林

菲尔梅森林的全称是"陆地菲尔梅森林"，其英文的字面意思为"稳固的陆地"，含义是指雨林没有被洪水淹没。这种森林树木与洪泛森林和泛滥平原森林的相比明显要高很多，而且种类也是多种多样（在有的地区一公顷有 400 种）。它建立在排水比较好而且较干的土壤上，它的特殊物种有巴西的坚果树、橡胶树和许多热带的硬木树种。

◎雨林作用

1. 雨林对全球气候的调节，对维护全球生态平衡起着至关重要。亚马孙河流域集中分布着地球上大约一半左右的热带森林，全球生态环境效应尤为显著。热带雨林是地球上最强大的生态系统，维护着地球上大气中的碳氧平衡，每年释放的氧气占全球氧气总量的1/3，被固定下来的碳有上千亿吨。

2. 雨林对促进全球水循环、调节全球水平衡也起着重要作用。森林的作用类似海绵，它们不仅能吸纳和滞蓄大量降水，还可通过自身的蒸发和蒸腾作用返还大气，形成云雨。整个亚马逊雨林所涵养的水量约占地表水淡水总量的23％。

▶ **知识链接**

　　热带雨林被人们称为"地球之肺"，可是它的生态系统比较脆弱。在热带雨林地区有机质分解和养分再循环非常旺盛，导致土壤积累养分过少，加上土地长期被高温多雨淋洗，土壤很贫瘠。另外，雨林生长所需要的养分几乎全部储存在植物体内，所以地上植被成为雨林系统中最主要的关键部位，又最容易遭到人类破坏。而雨林植物一旦被毁，养分遭受强烈淋洗而很快丧失，地表植物很难恢复，整个生态系统就会陷于崩溃。

拓展思考

1. 地球上的雨林类型有哪些？
2. 热雨林带的特点是什么？

地球上的沙漠雨林

热带雨林的分布

Re Dai Yu Lin De Fen Bu

热带雨林是一个天然的具有多样性的储藏库，是地球上一个奇特的地域带，与其他地域相比，它所表现出的生态多样性是空前的，对全球生态系统和人类存在起着重要性的作用。不仅向人类提供了丰富的药用植物资源、高产量的食物和无数有用的森林产物，还是许多珍稀迁徙动物的栖息地，同时也维持了地球上近一半物种的生存，包含了大量的、多样的、独特的土著文化。在自然调节方面，热带雨林除了维持正常降雨外，对调节全球气候也起着重要的作用，这得益于雨林中储存的大量的碳，制造了全世界相当数量的氧气。另外雨林在缓解洪涝、干旱和侵蚀等灾害中也起着重要的作用。

虽然热带雨林对全球的气候调节起着至关重要的作用，但是热带雨林

※ 热带雨林

带却只存在于陆地中的一小片区域中（仅仅分布在赤道附近北纬22.5°到南纬22.5°之间），也就是说位于南北回归线之间。由于地球上的大部分陆地位于热带地区北部，因此热带雨林自然地分布在一个相对狭小的区域。

21世纪，热带雨林和世界上许多其他的自然资源一样稀缺。历史上，地球被大面积的森林、沼泽、沙漠和草原所覆盖，现在"大面积"已经减少为一些零散的碎片。今天，世界上超过三分之二的热带雨林如同被遗漏的碎片一样存在着。但在几千年前，热带雨林还覆盖着地球陆地表面多达12%的面积，

※ 亚马逊河

大约1554万平方千米，但如今地球陆地只有不到百分之五被这些热带森林覆盖。在南美的亚马逊河流域发现了最大的未被破坏的热带雨林带。这片森林一半以上位于拥有全世界剩余热带雨林三分之一的巴西，其余的热带雨林有百分之二十分布在印度尼西亚和刚果盆地，其他的都零散地分布在地球上的热带地区。

▶ 知识链接

　　全球热带雨林大致按四个森林陆地区分为四个生物地理区：埃塞俄比亚或非洲区，澳大拉西亚或澳洲区，东方或印度—马来西亚/亚洲区和新热带区。

| 拓展思考 |

1. 地球上热带雨林占陆地面积的多少？
2. 热带雨林主要分布在哪里？
3. 有哪些保护热带雨林的方法？

地球上的沙漠雨林

地球上的沙漠

DIQIUSHANGDESHAMO

阿拉伯沙漠

A La Bo Sha Mo

阿拉伯沙漠又叫东部沙漠，阿拉伯沙漠位于北非撒哈拉沙漠的东缘部分，在尼罗河谷地、苏伊士运河、红海之间，埃及东部。该沙漠的面积约233万平方千米，是世界上第二大沙漠。沙漠中有丰富的石油、铁、磷灰石等矿产资源。

该地区的中部有马阿扎高原，东侧有沙伊卜巴纳特山、锡巴伊山、乌姆纳卡特山等孤山，南部与苏丹的努比亚沙漠相连。大部分地区为海拔300～1000米的砾漠以及裸露的岩丘。被东西走向的间歇河流——塔尔法河、胡代因河及支流和南北走向的季节河基纳河切割。

沙漠大部分位于沙特阿拉伯境内，小部分延伸至约旦、伊拉克、科威

※ 阿拉伯沙漠

特、卡塔尔、阿拉伯联合酋长国、阿曼和也门。其地形被几座山脉所切断，海拔最高点达 3700 米，三面以高崖为界。全区至少有 1/3 的部分是由发生地壳断裂前的非洲大陆组成，地壳断裂后形成了红海，分隔了非洲和阿拉伯半岛。因此，半岛的南半部与非洲的索马利亚和衣索比亚地区有着比北阿拉伯或亚洲其他地方更多的相似之处。北阿拉伯沙漠通过叙利亚草原，令人难以明显察觉出沙漠逐渐在消失。

◎地理气候

当阿拉伯半岛在亚洲大陆最终形成且脱离非洲的时候，阿拉伯盆地被大大抬高，岩浆伴随半岛的隆起、裂缝或断层的出现而大量喷涌，拥塞谷地并覆盖山岭。破坏了先前的水系模式。阿拉伯盆地向东北倾斜，沿其西缘从叶门到约旦形成一条显著的分水岭。

阿拉伯沙漠的河流，除底格里斯河和幼发拉底河与哈德拉毛南部的哈杰尔河终年奔流不息外，多数河流呈干枯或不连贯状态，只有在雨大时才有水流。这里沙盖以具有不同尺寸和复杂性的沙丘形式出现，或在低地表面形成薄薄一层地膜。也有极少数例外，沙子并不汇聚成平面，而是形成沙丘山岭或巨大的复合体。阿拉伯沙漠沙丘形式和尺寸的种类不计其数，许多形式还没有用文字表述过。早期的欧洲探险家们称，当地除了一个无定形的沙海外一无所有，而沙漠沿着系统的路线发展，具有鲜明而独特的模式。毗邻地区的沙丘之间还具有清晰的演变关系。在诸如鲁卜哈利沙漠这样巨大的沙区，沙丘形式的演变可从简单的沙丘追溯到较为复杂的类型。

内夫得沙漠和东南部的鲁卜哈利沙漠位于阿拉伯的西北部，是阿拉伯两个最大的沙体。内夫得沙漠面积 64 万平方千米；鲁卜哈利沙漠面积 65 万平方千米。它们中间是两个几乎平行的或多或少连续着的沙丘之弧。向东面凸出的外弧是代赫纳沙漠，长约 1300 千米，宽约 48 千米。内弧较短也不太连贯，包括 6 个延伸出去的沙漠，坐落在中央纳季得西向石灰岩陡坡之间的低地。这两个主要的沙弧被巨大的单面山图伟克山脉所分开。

阿拉伯沙漠一共跨越 22 个纬度，位于北纬 12°～34°之间，尽管沙漠大部分都位于北回归线以北，但还是被视为热带沙漠。夏季高温酷热，有些地方气温高达 54℃。

来自地中海的风是这里风力的主要来源，风向从东部、东南、南方和西南而来，呈现弧状分布。每年的 12～翌年 1 月和 5～6 月属于多风季节。风在中央内志和鲁卜哈利沙漠的西南部依次从四面八方刮来。强劲的东南风每次一连数日刮过大沙漠，将热尘风对沙丘形成的作用逆转过来。被称为热尘风的时期持续 30～50 天，风速平均每小时 48 千米。能够考验困在风中的人们的耐性的热尘风，是运载大量沙尘并改变沙丘形状的干燥的风。每一场风暴都将数百万吨的沙子带入鲁卜哈利沙漠。被吹动的沙子离地不过数尺，只有在被旋风、尘卷或区域沙暴卷起时例外。在春、秋季节突然出现在天际的"褐色卷云"令人畏惧。这是一场宽达 96 千米的锋面风暴，将沙子、尘土和岩屑都卷入高空，随后气温急剧下降并带来雨水。强风持续约半小时左右。在热天会产生无数尘卷和有着恶名的水景幻象。

◎沙漠的中心

阿拉伯沙漠中心是世界上最大的水体之一，为空虚地带。在这里生长着此地极限环境内适应沙漠的部分物种，如瞪羚、剑羚、沙猫和王者蜥蜴等。由于气候十分干燥且日夜温差非常大，阿拉伯沙漠的生物多样性较少，仅有少许的特有种植物生长于此。许多物种，如条纹鬣狗、胡狼及蜜獾等动物都已因狩猎、人类侵占和栖地破坏等因素而绝种。也有其他物种有成功复育的，如快绝种的弯角剑羚及沙漠瞪羚都被保护在一定数量上。家畜的过度放牧、越野驾驶及人为栖地破坏是此沙漠生态区最大的威胁。

沙漠中的植物主要是旱生或盐生植物，种类繁多。春雨过后，长期埋藏的种子会在几个小时内发芽并开花。荒芜的沙砾平原突然间就变绿了。即使燧石平原也会在深冬初春为骆驼和绵羊长出牧草。这些平原曾是驰名的阿拉伯马的故乡，然而牧草总是过于短缺，难以供养大

※ 鬣狗

量马匹。当然，所有的牧区均被过度放牧，因而导致如今广泛的荒芜地带的形成。生长在盐沼的盐生植物包括许多肉质植物和纤维植物，可供骆驼食用。在沙质地区生长的莎草是一种根深的强韧植物，有助于保持土壤。在绿洲边缘往往可以看到柽柳树，它对沙子侵入起到了一定的防护作用。

◎独特的沙漠绿洲

在阿拉伯沙漠的许多绿洲中，一般会种植海枣，海枣不仅可以为人和家畜提供食物。还可为建筑物及制作井架和古式辕杆提供木料；树叶能作为手工艺品也可用来缮盖房顶。绿洲中还出产许多水果和蔬菜，诸如水稻、苜蓿、散沫花（一种能产生棕红色染料的灌木）、甜瓜、洋葱、番茄、大麦、小麦及在海拔较高的地区有桃、葡萄和仙人果等。绿洲水塘中有小鱼。

沙漠中的昆虫包括苍蝇、疟蚊、跳蚤、虱子、蜱、蟑螂、白蚁、甲虫以及能把自己伪装成树叶、树枝或卵石的螳螂。清除粪便的蜣螂、无数的蝶、蛾和毛虫

※ 海枣

等。蛛形动物包括大食蝎虫、蝎和蜘蛛。食蝎虫可以生长到 20 厘米长。蝎也可以生长到 20 厘米，有黑、绿、黄、红和灰白诸色。蝎的毒刺可使幼儿致命。有一些两生动物，诸如蝾螈、蝾螈类、蟾蜍和蛙。爬虫类包括蜥蜴、蛇和龟。一种生活在平原上尾巴肥大的蜥蜴，长度可达 1 米。这是一种草食动物，颌上没有牙齿，以飞蝗和其他昆虫为食，而它的尾巴烤熟后又成为贝都因人的佳肴。另外，许多蜥蜴，包括石龙子、壁虎、鬣蜥和有颌蜥蜴，都可以在沙漠中找到。

阿拉伯沙漠中的鸟类包括多地物种，有当地鸟类也有来自北欧、非洲和印度的候鸟种群。当地鸟类的繁殖时间从深冬至初春。条纹云雀、沙松鸡、阿拉伯走鸻和小鸨终年生活在沙漠中，数种隼、雕和秃鹫也同样如此。游隼在阿西尔可见，猎隼和南非隼（一种带有金冠的褐隼）可见于内志和沙乌地阿拉伯东部，而茶隼则无所不在。猎隼常被贝都因鹰猎者从小捕来训练，以猎取鸨和沙松鸡。成双成群的渡鸦可能出现在任何地方。在这里已知的雕种有 3 个，分别是：白尾雕、金雕和褐雕。黑鹭是一种翼展达 4 米的当地最大的鸟，现今几乎已经消失。一种体态中等、毛色黑白兼

黄的埃及秃鹫广泛分布。髯鹫生活在阿西尔和叶门。还有多种鸦，较常见的是一种穴居鸦。候鸟沿几条路线迁徙，一条穿越中央内志，其他几条沿海岸分布。水鸟和岸鸟在春秋两季往返于北欧与热带之间。蜂虎、莺、画眉、食腐鸢、燕、圣马丁鸟、雨燕、白、伯劳、百灵、翔食雀、戴胜以及一些奇异鸟种可以单独成双或成群见到。鹤、鹭、红鹳、鸭和小涉禽在海岸与间歇湖觅食。自1940年以来，曾经在沙漠中出现的大量的鸵鸟已经灭绝。

▶知识链接

　　沙猫是最小的猫科动物之一，曾在以色列沙漠地带有广泛的分布，现在已没有野生种群。世界自然保护联盟已将其列入濒危物种。

　　沙猫体重一般只有2.3千克。腿短，耳大，头部比例大。皮毛柔软浓密，体色接近于沙的颜色，腿部有黑色的带状条纹。沙猫脚底的肉垫很厚，而且有浓密的毛，适合它们阻隔热得发烫的地表。

拓展思考

1. 阿拉伯沙漠的气候特点是什么？
2. 在阿拉伯沙漠中还有哪些受国家保护的珍贵的动植物？
3. 阿拉伯沙漠中的自然矿产资源有哪些？

戈壁滩

Ge Bi Tan

"**戈**壁"在维吾尔语里面是"*沙漠*"的意思。蒙古语里的解释为"*土地干燥和沙砾的广阔沙漠*"。在我国戈壁滩主要分布在新疆、青海、甘肃、内蒙和西藏的东北部等地。

◎气候地形

沙漠的前身是戈壁，戈壁在风蚀作用的进一步侵蚀下就会演变成沙漠。戈壁属荒漠的一种类型。蒙古语称砾石质荒漠为戈壁。即地势起伏平缓、地面覆盖大片砾石的荒漠。戈壁地面因细砂已被风刮走，剩下砾石铺盖，因而有砾质荒漠和石质荒漠的区别。

戈壁滩主要是由洪水的冲积而形成。当洪水暴发时，特别是山区洪水暴发时，由于出山洪水能量的逐渐减弱，在洪水冲击地区会形成如下地貌特征：大块的岩石堆积在离山体最近的山口处，岩石向山外依次变小，随后出现的就是拳头大小到指头大小的岩石。这些岩石由于长年累月被日晒、雨淋和大风的剥蚀，棱角逐渐磨圆，变成了我们所说的石头（学名叫砾石），这样就形成了戈壁滩。至于那些更加细小的砂和泥则被冲积、漂浮得更远，形成了更远处的大沙漠。戈壁滩的特点是，渗透性极好，地表缺水，植物稀少，仅生长一些红柳、骆驼刺等耐旱植物，而且经常刮风。由于水较少，通常人们认为沙漠地区荒凉。戈壁沙漠地区气候环境相当恶劣，终年降雨稀少，昼夜温差悬殊，风沙大，风速快且持续时间长。

戈壁是粗砂、砾石覆盖在硬土层上的荒漠地形。按成因，砾质戈壁可分为风化的、水成的和风成的三种。

沙漠指沙质荒漠，它的整个地面覆盖大片流沙，广泛分布着各种沙丘。在风力作用下，沙丘移动，对人类造成严重危害。沙漠和沙滩的相同之处是，它们地表覆盖的都是一层很厚的细沙状的沙子，不同的是它们的成因。沙滩是由于水的长期作用，而沙漠则是风的长期作用。沙漠地表神奇的地方在于会自己变化和移动，当然这必须在风力的作用下。沙随风跑，沙丘会向前层层推移，变化成不同的形态。

戈壁的地表是由黄土以及稍微大一点的砂石混合组成，其比例大概为 1∶1，在戈壁滩上还有分布或多或少的植被。起风的时候吹起的大多是尘土，风力大时也会出现飞沙走石的景观，但是戈壁的地貌是不会改变的。

※ 戈壁

◎戈壁上的海市蜃楼

赤日炎炎，炙烤在戈壁滩上，也同样照在浩瀚广阔的沙漠上，天空蒸腾着滚滚雾白色的热浪。没有一丝云彩，也没有一点风。突然，在远处的地平线上，奇迹般地出现了一片绿洲，绿洲内翠柳成阴，倒映在一个微波荡漾的湖面上。可是过不了多久，当你想再看清楚它时，这片绿洲很快又消失

※ 海市蜃楼

了。这种神秘的模糊的幻景，便是人们经常提到，又不断称奇的"海市蜃楼"。"海市蜃楼"也经常出现在海面上，天气晴朗、平静无风的日子里，海面上空会突然浮现出一座城市，亭台楼阁完整地显现在空中，来往的行人、车马清晰可见，城市景色变化多端，然后逐渐模糊消失。

海市蜃楼是一种光学现象。沙质或石质地表热空气上升，使得光线产生折射作用，便会产生"海市蜃楼"。

因为空气的密度会随温度的变化而变化，而空气密度的变化又使它对光的折射率产生影响。在炎热的夏季，沙漠上空的温度逐渐降低，密度逐渐增大，而空气的折射率也逐渐增大。无风的时候，由于空气的导热性差，这种折射分布不均匀的状态能持续一段时间。

为了说明"沙漠绿洲"的形成原因，假设将空气从地平面算起分成若干个平行的折射率层，从下往上每层的折射率递增。当日光照到一棵树上，树上反射的光线会从上层（折射率高）射向下层（折射率低），根据光的折射定律，这条光线向折射率大的方向偏折。如果光线射到某一层，入射角大于临界角时，它将产生全反射，再度向上偏折，最后射向人们的

眼睛，就会感到它好像从一面"镜子"上反射出来的一样，这面镜子就是最后反射光线的那层空气。远远看去，就像是地平线上泛起的一湾湖水，地面上的景物倒映在湖水之中。当被太阳晒热的大气微微地颤动时，便使人感到湖面上水波荡漾。这就是"海市蜃楼"的形成原因。

戈壁滩出现的海市蜃楼与海面上出现海市蜃楼原因相似。因为接近海面的温度比较低，而上方的空气温度较高，与沙漠上空的温度分布刚好相反，因此从实际景物反射出来的光线将向下弯曲，出现的幻景比实际景物高，看起来就像浮现在空中一样。

平静的海面、江面、湖面、雪原、沙漠或戈壁等地方都会出现海市蜃楼的景象。在我国广东澳角、山东蓬莱、浙江普陀海面上常出现这种幻景。古人归因于蛤蜊之属的蜃，吐气而成楼台城郭，因而得名。

▶ 知识链接

鄯善县文物工作者在新疆吐鲁番火焰山北部的戈壁滩上发现大面积的"怪石圈"。这些"怪石圈"占地面积约一万余亩。它们的体积有大有小、形状有圆有方，有的为"口"字形串联状，有的为方形与圆形石圈混合摆置。其中一个被称为"太阳圈"的巨型石圈由4个同心圆组成，最大外圆直径约8米，最小的内圈已被破坏。在"太阳圈"的东南部，分布着大面积的石圈。奇怪的是，这些"怪石圈"所用的石头在附近的戈壁滩很难找到。至于这片神秘"怪石圈"的形成过程，时至今日依然是个谜。

拓展思考

1. 戈壁中的海市蜃楼是怎样形成的？
2. 戈壁滩是一个地名，还是一种自然现象？
3. 戈壁滩与沙漠有何异同点？

地球上的沙漠雨林

鲁卜哈利沙漠

Lu Bu Ha Li Sha Mo

鲁卜哈利沙漠，因其面积占据阿拉伯半岛约四分之一而得名，是世界上最大的沙漠之一，覆盖了整个沙特阿拉伯南部地区和大部分的阿曼、阿联酋和也门领土。所以该沙漠还有"空旷的四分之一"的寓意。

◎世界上最大的流动沙漠

鲁卜哈利沙漠又叫阿拉伯大沙漠。它大致呈东北—西南走向，总长为1200千米，宽约640千米，面积达65万平方千米。因富含氧化铁，地表多呈红色。从形态上大体可分为东西两大沙漠，海拔100～500米。其中东部沙漠海拔100～200米，多为平行排列的大沙丘，有些沙丘高300米，长20千米，近乎一座沙山。

沙丘移动主要由季风引起，并且由于风向和主流风的差异，沙漠的沙丘被分成3个类型区，即东北部新月形沙丘区、东缘和南缘星状沙丘区、整个西半部线形沙丘区。对于鲁卜哈利沙漠的成因，国内外一直缺少系统的研究。通过对现有资料的分析，可以发现气候、地形、古地理等自然因素是影响鲁卜哈利沙漠形成的主要因素，人类活动的影响不明显。

沙漠地区温差大，平均年温差可达30℃～50℃，日温差更大，夏季正午地面温度可达60℃以上，有人说若在沙滩里埋一个鸡蛋，不久便烧熟了。夜间的温度又降到10℃以下。由于昼夜温差大，有利于植物贮存糖分，所以沙漠绿洲中的瓜果都特别甜。

※ 当地居民

之所以把鲁卜哈利沙漠称为世界上最大的流动沙漠，是因为在鲁卜哈利沙漠地区风沙大、风力强，最大风力可达 10～12 级，强大的风力卷起大量浮沙，形成凶猛的风沙流，不断吹蚀地面，使地貌发生急剧变化。多风的季节一般出现在 12～1 月和 5～6 月。称为热尘风的时期持续 30～50天，风速平均 48 千米/时。能够考验困在风中的人们的耐性的热尘风，是运载大量沙尘并改变沙丘形状的干燥的风。每一场风暴都将数百万吨的沙子携入鲁卜哈利沙漠。被吹动的沙子离地不过数尺，只有在被旋风、尘卷或区域沙暴卷起时会随风飘扬。强劲的东南风每次一连数日扫过大沙漠，将热尘风对沙丘形成的作用逆转过来。

◎沙漠里的植物

鲁卜哈利沙漠中生长着种类繁多的植物，其主要是旱生或盐生的。每年春雨过后，长期埋藏在地下的种子会在短短几个小时内发芽并开花。曾荒芜的沙砾平原立刻变得绿意盎然。就算是坚硬的燧石平原也会在深冬初春为骆驼和绵羊长出牧草。这些平原曾是驰名的阿拉伯马的故乡，只不过牧草总是过于短缺，难以供养大量马

※ 莎草

匹。由于过度放牧，因而导致如今广泛的荒芜地带的形成。生长在盐沼的盐生植物包括许多肉质植物和纤维植物，可供骆驼食用。沙质地区生长的莎草是一种根深的强韧植物，有助于土壤的保持。在绿洲边缘往往可以看到柽柳树，这些柳树对沙子侵入起到了很好的防护作用。

以"牙刷灌木"出名的稀有灌木拉克，在整个沙漠中到处生长，枝条被阿拉伯人依传统用于刷牙。为贝都因人所熟知，他们将这些草用于食品调味、防腐、熏衣和洗发。能产生馥郁的乳香和入药的灌木可见于阿曼佐法尔地区的较低海拔地带。东鲁卜哈利沙漠一般被认为是干燥不毛之地，但在巨大沙丘的侧翼却生长着许多植物，包括一种叫作纳西的甜草，为如今稀有的大羚羊（一种非洲羚羊）提供主要草料。许多绿洲种植海枣，海枣本身为人和家畜提供食物，也为建筑物及制作井架和古式辘杆的提供木料，树叶既作为手工艺品亦可以缮盖房顶。另外，绿洲还出产许多水果和

蔬菜，诸如水稻、苜蓿、散沫花（一种能产生棕红色染料的灌木）、甜瓜、洋葱、番茄、大麦、小麦及在海拔较高的地区有桃、葡萄和仙人果。

鲁卜哈利沙漠中的动物种类繁多且独特。沙漠昆虫有能把自己伪装成树叶、树枝或卵石的螳螂（食肉昆虫），苍蝇、疟蚊、蚤、虱子、蜱、蟑螂、蚁、白蚁、甲虫等。还有清除粪便的蜣螂、无数的蝶、蛾和毛虫，曾经破坏自然环境的有害的飞蝗早已得到了控制。蛛形动物包括大食蝎虫、蝎和蜘蛛。食蝎虫可以生长到20厘米长。蝎也可以生长到20厘米，有黑、绿、黄、红和灰白诸色。蝎的毒刺可使幼儿致命。绿洲水塘中有小鱼。有一些两生动物，诸如蝾螈、蝾螈类、蟾蜍和蛙。爬虫类包括蜥蜴、蛇和龟。一种生活在平原上尾巴肥大的蜥蜴，长度可达1米。这是一种草食动物，颌上没有牙齿。长达1米的巨蜥，以飞蝗和其他昆虫为食。许多蜥蜴，包括石龙子、壁虎、鬣蜥和有领蜥蜴，都可以在沙漠中找到。

知识链接

沙漠中的地表被一层很厚的细沙状的沙子覆盖，其原因是长期受风的作用和影响，沙漠的地表会自行变化和移动。因为沙会随着风跑，不断迁移。沙丘就会向前层层推移，变化成不同的形态。这样的沙漠叫做"流动沙漠"。

拓展思考

1. 鲁卜哈利沙漠与阿拉伯沙漠有何异同之处？
2. 什么叫做"流动沙漠"？
3. 你认为鲁卜哈利沙漠形成的原因是什么？

塔克拉玛干沙漠

Ta Ke La Ma Gan Sha Mo

这里终年黄沙堆积，狂风呼啸，渺无人烟，一座座金字塔形的沙丘屹立在沙漠上，使沙漠显得更为神秘。这里就是被评为中国五个最美的沙漠之一的塔克拉玛干沙漠。接下来就让我们一起走进它，看看它的美究竟在哪里！

◎全世界最神秘的沙漠

作为世界上大型沙漠俱乐部成员之一的塔克拉玛干沙漠，位于中国新疆的塔里木盆地中央，总面积337600平方千米，占中国沙漠总面积的43％，东西长约1000余千米，南北宽约400多千米，相当于新西兰的国土面积。它是中国最大的沙漠，仅次于非洲撒哈拉大沙漠，是全世界第二

※ 塔克拉玛干沙漠

大沙漠，同时还是世界最大的流动性沙漠。

塔克拉玛干沙漠全年有三分之一的时间是风沙日，大风风速每秒达 300 米。由于整个沙漠受西北和南北两个盛行风向的交叉影响，风沙活动十分频繁和剧烈，流动沙丘占 80% 以上。据测算，那些较为底矮的沙丘每年移动距离约为 20 米。近一千年来，塔克拉玛干沙漠向南伸延了约 100 千米。根据科学家最新的研究表明，塔克拉玛干沙漠可能早在 450 万年前就已经是一片浩瀚无边的"死亡之海"。

※ 塔里木盆地

经过科学家对塔里木盆地南部边缘的沉积地层进行的深入分析，发现其中夹有大量风力作用形成的"风成黄土"，这些"风成黄土"至少已经存在了 450 万年，而它的主要的来源地，就是现在的塔克拉玛干沙漠。

◎关于塔克拉玛干沙漠的传说

相传很久以前，由于当地终年少雨，干旱缺水。当地居民虔诚地祈求神明，渴望能通过神的帮助，引来天山和昆仑山上的雪水，浇灌干旱的塔里木盆地。当时，一位慈善的神仙被百姓的诚心所感动，就拿出自己的两件宝贝，金斧子和金钥匙。神仙把金斧子交给了哈萨克族人，让他们用它劈开阿尔泰山，引来清清的山泉水。当他想把金钥匙交给维吾尔族人，让他们打开塔里木盆地的宝库时，金钥匙被神仙小女儿玛格萨不小心丢了。神仙一怒之下，将玛格萨囚禁在了塔里木盆地，从此盆地中央就成了塔克拉玛干沙漠。

◎塔克拉玛干沙漠地貌

塔克拉玛干沙漠的沙丘类型复杂多样，流动沙丘面积广大，高度一般在 100～200 米，最高达 300 米左右。在沙漠腹地，复合型沙山和沙垄宛若憩息在大地上的条条巨龙；塔型沙丘群，呈各种蜂窝状、羽毛状、鱼鳞状，变幻莫测。沙漠腹地有两座红白分明的高大沙丘，名为"圣墓山"，这两大沙丘分别由红沙岩和白石膏组成的沉积岩露出地面后形成。山顶经过风的侵蚀而形成了一朵大蘑菇的形状，风蚀蘑菇是"圣墓山"上一道奇特景观，它高约5米，蘑菇状的巨大伞盖下可容纳10余人。

白天的塔克拉玛干沙漠赤日炎炎，银沙刺眼，沙面温度高达70℃～80℃。旺盛的蒸发使地表景物飘忽不定，在这里人们常常会看到远方出现朦朦胧胧的"海市蜃楼"的幻景。沙层下有丰富的地下水资源和石油等矿藏资源。

塔克拉玛干沙漠地表是由几百米厚的松散冲积物形成的，冲积层受到风的影响，风所移动的沙盖厚达300米。风形成的地形特征多种多样，各种形状与大小的沙丘随处可见。较大的沙丘链幅高30～150米，宽240～503米，链间距为0.8～5千米。风形成的最高的地形的形状是金字塔形沙丘，高195～300米。在沙漠的东部和中部，以中间凹陷的沙丘和巨大、复杂的沙丘链形成的网为主。

塔克拉玛干沙漠中心气候温暖适度，是典型的大陆性气候，风沙强烈，温度变化大，年最高气温为39℃。全年降水少，年降水量极低，从西部的38毫米到东部的10毫米不等。夏季气温高，在沙漠的东缘可高达38℃。东部地区7月份平均气温为25℃。冬季寒冷，1月份平均气温为－9～－10℃，冬季所达到的最低温度一般在－20℃以下。

※ 圣墓山上的风蚀蘑菇

作为地球上最神秘、最具有诱惑力的沙漠之一，塔克拉玛干沙漠四周，沿叶尔羌河、塔里木河、和田河及车尔臣河两岸，生长着密集的胡杨林和树柳灌木，形成沙海绿岛。特别是纵贯沙漠的和阗河两岸，生长大片芦苇、胡杨等多种沙生野草，构成沙漠中的绿色走廊。走廊内流水潺潺，绿洲相连。林带中住着野兔、小鸟等动物，为无垠沙漠增添了生机。考察还发现，此沙漠中地下水储存量丰富，且利于开发。有水就有生命，科学考察推翻了生命禁区论。辽阔的沙漠中，迄今发现的古城遗址无数，尼雅遗址曾出土东汉时期的印花棉布和刺绣。

塔克拉玛干沙漠地处欧亚大陆的中心，四面被高山环绕，变幻多样的沙漠形态，有丰富而抗盐碱风沙的沙生植物植被，蒸发量高于降水量的干旱气候，以及尚存于沙漠中的湖泊。穿越沙海的绿洲，潜入沙漠的河流，生存于沙漠中的野生动物和飞禽昆虫等；特别是被深埋于沙海中的丝路遗址、远古村落、地下石油及有待人们去探寻的多种金属矿藏，都为塔克拉玛干沙漠增添了无尽奇幻和神秘的色彩。

沙漠中有许多河流注入流沙地区，这些河流多发源于塔里木盆地南部的昆仑山、喀喇昆仑山和北部的天山，像塔里木河、叶尔羌河、车尔臣河、和田河、克里雅河等，有的河流纵穿沙漠而过。这些河流大都水源丰沛。河流两岸的谷地蕴含着水质优良、水量充足的地下水，有的地方泉水溢出，形成许多零星的小湖。在这些水利条件比较好的地方，分布着一片片绿洲，成为天然的牧场。像克里雅河下游的绿洲，面积达30余万亩，绿洲上分布有固定的居民点，成为沙漠里的村庄。

◎沙漠中的动物植物

塔克拉玛干沙漠年平均降水量不超过100毫米，最低只有4～5毫米；而平均蒸发量却高达2500～3400毫米。这里，金字塔形的沙丘屹立于平原300米处。狂风能将沙墙吹起，高度可达其3倍。沙漠里沙丘绵延，受风的影响，沙丘时常移动。沙漠里也有少量根系异常发达的植物，超过地上部分的几十倍乃至上百倍，以便汲取地下的水分。于那里的动物有一个令人惊奇的现象——夏眠。

塔克拉玛干沙漠植被非常稀少，整个地区都缺少植物覆盖。在沙丘间的凹地中，可见稀疏的柽柳、硝石灌丛和芦苇。然而，厚厚的流沙层阻碍了这种植被的扩散。植被在沙漠边缘（沙丘与河谷及三角洲交汇的地区），地下水相对接近地表的地区较为丰富。那里尚可见一些河谷特有的品种：胡杨、胡颓子、骆驼刺、蒺藜及猪毛菜，冈上沙丘常围绕灌丛形成。

河谷地带丛生着大片的胡杨林，尤其在塔里木河、叶尔羌河、喀什噶尔河、阿克苏河、和田河的汇流处，胡杨更是"纵横百里，蔓野成林"，为荒芜沙漠带来了片片绿意。这片胡杨林东西长150千米，南北宽90千米，宛若一条绿色的长城，屹立在沙漠中。森林中灌木少，地面铺满枯枝落叶，土质十分肥沃。

※ 胡杨

塔克拉玛干沙漠的动物主要分布在沙漠边缘地区，约有270多种。在有水草的古代和现代河谷及三角洲地区的开阔地带可见成群的羚羊。河谷灌木丛中有野猪、猞猁、塔里木兔、野马、天鹅、啄木鸟。食肉动物有狼、狐狸、沙蟒。在20世纪初，还可见到虎，但之后就灭绝了。稀有动物包括栖息在塔里木河谷的西伯利亚鹿与野骆驼，19世纪末，野骆驼还时常在塔克拉玛干沙漠地域徜徉，但现在只偶然出现于沙漠东部地区。

▶知识链接

　　塔克拉玛干是一个有着辉煌历史文化的地方，大量考古资料记载，沙漠腹地静默着许多曾经的繁荣。在尼雅河流、克里雅河和安迪尔流域，西域三十六国之一的精绝国、弥国和货国的古城遗址至今鲜有人至或鲜为人知，在和田河畔的红白山上，唐朝修建的古戍堡雄姿犹存。古丝绸之路途经塔克拉玛干的整个南端，从这条古丝绸之路的历史背景中，我们可以发现，曾经繁荣一时的古国遗址今天大多远离人类社会，沉默于没有生命的大漠中。

拓展思考

1. 塔克拉玛干沙漠地区的植被特点是什么？
2. 曾经繁荣一时的故国为什么会沉默于大漠中？
3. 除文中叙述外，塔克拉玛干沙漠的美还有哪些？

卡拉库姆大沙漠

Ka La Ku Mu Da Sha Mo

卡拉库姆沙漠的突厥语意为"黑沙漠"，位于里海东岸的土库曼斯坦境内，面积 35 万平方千米。它是中亚地区的大沙漠，也是世界第四大沙漠。沙漠地区属温带大陆性干旱气候，年降水量不足 200 毫米，蒸发量为降水量的 3～6 倍，河流、湖泊稀少。沙漠中沿阿姆河、捷詹河、穆尔加布河等有可供放牧的绿洲。

※ 卡拉库姆沙漠

土库曼斯坦是一个自然环境恶劣、80％土地被沙漠所占的地方。卡拉库姆大沙漠位于这个国家的中部并一直延伸到哈萨克斯坦境内。大部分为固定垄岗沙地，沙垄高度 3～60 米，很少一部分为丘状沙地。发源于阿富汗高山的阿姆达里亚河，流经土库曼东部的一段约 1000 千米的地区。由于干旱缺水，1954 年，卡拉库姆大运河开

※ 咸海

始动工兴建，意在把阿姆达里亚河水沿着卡拉库姆沙漠边缘地带引向首都阿什哈巴德和里海岸边。卡拉库姆运河，北与萨雷卡梅什盆地接壤，东北部和东部以阿姆河（奥克苏斯河）河谷为界，东南与卡拉比尔高地及巴德希兹干旱草原地区相连。这条大运河的兴建对土库曼斯坦农业和畜牧业的

发展、石油和天然气的开采以及居民生活用水的改善起到了重大作用。

◎地质地貌

在南部和西南部，沙漠沿科佩特山麓绵延，在西部与西北部则以乌兹博伊河古河谷水道为界。沙漠被分为三个部分：北部隆起的外温古兹卡拉库姆；低洼的中卡拉库姆；东南卡拉库姆，其上分布着一系列盐沼。在外温古兹卡拉库姆和中卡拉库姆交界之处，有一系列含盐的、孤立的、由风形成的温古兹凹地。

外卡拉库姆的表面受到暴风侵蚀。中卡拉库姆平原从阿姆河延伸到里海，呈与河流走向一致的斜面，这些较为鲜明的地形反应了卡拉库姆的起源和地质发展过程。由风聚集起来的沙垄的高度在75～90米之间，依年龄和风速而异。略少于10％的地区由新月形沙丘组成，其中一些高9米或更高。沙丘间有许多凹地，为厚达9米的沉积黏土层所覆盖，在降水时可以当做汇水的盆地。如果在这些汇满水的盆地中种植甜瓜和葡萄一类的水果，会有一定的收获。据考察，卡拉库姆沙漠的沙子是由当地的黑色岩层经常年风化而成。

哈萨克境内的另一个面积稍小的沙漠位于咸海附近，被称为咸海卡拉库姆沙漠。

◎丰富的资源

卡拉库姆沙漠的植被主要由草、小灌木、灌木和树木组成，物种丰富多样。冬季，这些植被可用作骆驼、绵羊和山羊的饲草。沙漠中动物虽数量不多，但种类却不少。昆虫包括蚁、白蚁、蝉、甲虫、拟步甲、蜣螂和蜘蛛。还有各种蜥蜴、蛇和龟。啮齿类中有囊鼠和跳鼠。沙漠中有石油、天然气等矿藏。

◎丰富经济

卡拉库姆沙漠人口稀少，主要由土库曼人组成，一些部落的特征被很好地保留下来。古时的卡拉库姆沙漠居民以游牧为生，并在里海沿岸及阿姆河捕鱼。现在几乎所有的人都在集体和国营农场定居，并发展了拥有瓦斯和电的永久城镇。现代灌溉模式使沙漠很适合大规模畜牧，特别是卡拉库尔羊的畜牧，牲畜都有畜牧队照管。卡拉库姆运河从阿姆河流向里海低地，将水引到卡拉库姆沙漠东南部、中卡拉库姆沙漠南界及科佩特山麓地带；绿洲地区种植细纤维棉花、饲料作物和各种蔬菜水果，一大片牧区有了饮水点。

二战后的经济集中发展，给卡拉库姆沙漠带来一场工业革命。工厂、石油和煤气管线、铁路、公路以及火力发电站和水力发电站，使一些自然资源得到开发利用，其中包括硫、矿盐和建材，大大改变了这一地区的面貌。

阿什哈巴德——达绍古兹铁路（跨卡拉库姆沙漠铁路），于 2006 年 2 月 8 日在

※ 卡拉库姆沙漠

440 千米处实现了南北对接，2006 年 3 月举行正式开通仪式。该铁路长达540 千米，使首都阿什哈巴德市至北部重镇塔沙乌兹市的路途缩短了 700千米。铁路上建成了 3 座桥梁、几十座工程设施。8 个火车站是继土库曼斯坦国家独立后已经建成的捷詹—谢拉赫斯—梅什赫德铁路和土库曼纳巴德—阿塔穆拉特铁路后又一新的铁路。这条铁路的建成不仅改善了当地的交通，在国际上也具有重大意义，成为外高加索、亚洲及远东国家向波斯湾沿岸国家运输货物的过境运输走廊。国家对铁路建设的投资很大，购买了新的内燃机车和车厢，用现代高新技术设备替代了老化设备。被誉为南北运输走廊的阿什哈巴德—达绍古兹铁路将成为从欧洲经俄罗斯、阿塞拜疆及伊朗至印度和东南亚国家的铁路大通道的重要环节。

▶ 知识链接

卡拉库姆沙漠昼夜温差极大，温度可从零下 20 度上升到零上 36 度，年降雨量不到 150 毫米，即使下雨天气降雨量也很少，雨水很容易被沙暴吸净刮走。在沙漠中，人们渴望得到足够的水，让沙漠变成良田和牧场，点点绿洲成了土库曼人的乐园，南部靠伊朗边界山麓有大片草原牧场，300 多万人在这片土地上生息。这里的沙地相当肥沃，地下还蕴藏着石油、天然气。

拓展思考

1. 卡拉库姆沙漠的气候特点是什么？

2. 在沙漠中修建铁路的困难主要体现在哪些方面？

3. "黑沙漠"指的是什么？

约旦沙漠

Yue Dan Sha Mo

约旦，这个中东国度藏身于沙漠之中，沙漠覆盖了全国面积的五分之四以上。它位于阿拉伯半岛西北部，是一个洋溢着浓郁中东文化气息的美丽王国，尽管被伊拉克、沙特阿拉伯、以色列、巴勒斯坦等国包围着，却是中东地区最安全、最稳定的国家。

◎美丽的风光

如果你看过电影《阿拉伯劳伦斯》就会对约旦沙漠略生亲切之感，要知道，它可是这部电影的拍摄地。约旦沙漠又叫"酒红色的山谷"，杳无人烟的沙漠，酒色红的沙丘，千奇百怪的粉色岩石，如它的名字一般瑰丽，走进沙漠你就会深深喜欢上这里。而西方的旅行者更喜欢称这里为"月亮谷"，在他们看来，这里更像是没有生命的月球表面。

约旦沙漠整个的气候为大陆性气候，降雨量极少。一年之间，从 10

※ 约旦

月到第二年 5 月是雨量较多的季节，6 月到 9 月比较干燥。北部与西部为地中海型气候，夏季炎热干燥，冬季温暖潮湿。约旦河谷与南部、东部为沙漠气候，白天炎热，夜间寒冷，雨量稀少。

饮食方面，当地人的食物是中东饮食风格，以面饼夹羊肉和烤羊肉串最为常见。那里的人喜欢把大青椒、番茄、西芹拌以当地盛产的橄榄油做沙拉，滴几滴柠檬汁，上面再加豆泥，味香而鲜艳。

在约旦，城市建筑与其他地区相比有着明显的差别，例如安曼来，它虽是个现代化的都市，却没有城市特有的钢骨水泥建筑，除了几栋新建的豪华酒店外，安曼的其他建筑物都不高过五层楼。建筑物都是用石头砌成的，几乎全城都是米白色，看起来非常朴实坚固。这又是为什么呢？因为在约旦，由于天气酷热，最高温可达 40 几度，用这种石头建房冬暖夏凉，所以它便成了约旦最佳的建筑材料。

在安曼东部沙漠有一系列沙漠城堡，它们是阿拉伯帝国早期的纪念品，这些建筑艺术体现了早期伊斯兰的独创性。由哈里发（伊斯兰国家政教合一的领袖）建于或重建成于 7 世纪和 8 世纪之间，建造的目的既是为了休养享受，也是作为防御工事。被人总称为沙漠堡垒或沙漠宫殿。

哈拉伯特的"沙漠宫殿"位于首都安曼东北，是从安曼可以就近游览的所有沙漠宫殿中最容易到达的一处，也是约旦所有用围墙围起的建筑中

※ 约旦沙漠

最值得炫耀和最完整的一个。它的传统方形和带方形转角的塔，建造在公元二世纪早期的一个防御工事遗址上。该遗址的彻底检修毁掉了大多数罗马和拜占庭的技艺，用华美的壁画将其代替。

　　一般认为，阿斯拉克"沙漠宫殿"是公元三世纪后期由罗马人始建的，它是一座用黑色的玄武岩营建的古老城堡，利用了阿斯拉克的战略位置，任务是保护该城镇的关键水源。由于堡垒主权易手，所以经历了许多次改造和重建。它外形接近于方形，墙有 80 米长，围绕着一个中央庭院，每个角落都有一个椭圆形的塔，最前面的入口经过小小的门道，由一道吊着的玄武岩门保护。入内后是一个小房间，经房间进入中央庭院。主要庭院内有一座清真寺和一口水井。约旦先王胡先王曾说过："约旦不单是伟大宗教的发源地，也是孕育人类文明的摇篮。"的确，约旦就像座历史博物馆，无论在地面上还是地底下，都有伟大的古迹等待被发掘。

◎沙漠之城

　　约旦北部的古城杰拉西和南部的佩特拉，那里的景观更让人震惊。尤其是素有玫瑰城美名的佩特拉，它体现了古代工匠的鬼斧神工，是一座从石头中雕刻出来的壮观城市。认真走完整座古城，至少需要三天的时间，建造工程的浩大可想而知。这里两千多年前的雕刻，不仅是珍贵的历史文物，更是一座座巨型的艺术品。

　　约旦最有名的景点当数"人浮在死海湖中看书"的死海，它是世界陆地的最低点。

　　由于死海水中的盐含量是世界上大多数海洋盐含量的 8 倍，海水比重超过人体比重，人可以轻而易举地在海面上漂浮，或是躺在上面看书，或是躺着睡觉，即便是"旱鸭子"也不用担心自己会沉下去。死海由贫瘠的山丘环绕着，海面几乎没有波浪。岸边的岩石被雪一样闪闪发光的白盐沉淀覆盖着。每千克水中含 350 克的盐，而其他海洋只有约 40 克。正是由于这种高度集中的盐，给了死海不同寻常的浮力。死海海水对关节炎、风湿病都有一

※ 死海

定治疗效果，所以，死海又是著名的疗养地。许多游客远道而来，都会试试闻名遐迩的死海泥矿疗。

死海泥中富含丰富的矿物质，对调节皮肤的酸碱平衡，保养皮肤细胞组织有神奇的功效。它可以补充皮肤细胞的营养，调节皮肤细胞的新陈代谢使皮肤细胞紧缩；增强皮肤细胞组织内部的微循环；清除已经衰老的皮肤细胞；保护皮肤细胞不受到外界的环境影响。

由于死海泥能防止皮肤上细菌的生成，因而能及时防止皮肤的炎症和传染，对治疗皮肤瘙痒、受创，帮助皮肤再生都有很好的疗效。治疗各种皮肤顽症如脚癣、手癣，而且能有效舒缓身体压力。死海被医学家发现并成功运用于医疗方面，它被高度赞誉为最宝贵的天然治疗中心。

▶ 知识链接

> 约旦的春季或秋季虽然都比较短促，但这两个季节的气候最舒适宜人。春天，野外环境已带有一些绿意生气，略感潮湿。秋天比较干燥，但天高气爽，衬着湛蓝的天空和深黄的沙漠，拍照效果非常好。所以，约旦的最佳旅行时间是每年的 3 月春天，或 11 月深秋。

拓展思考

1. 约旦沙漠有哪些动植物？

2. 你喜欢沙漠吗？你所知道的沙漠有哪些？分别说说它们有哪些令你印象深刻的地方？

3. 你认为约旦沙漠的神奇之处在于哪里？

地球上的沙漠雨林

腾格里沙漠

Teng Ge Li Sha Mo

腾格里沙漠位于我国阿拉善地区的东南部，介于贺兰山与雅布赖山之间，大部属内蒙古自治区，小部分在甘肃省。属于中纬度沙漠，又称为温带沙漠，面积42，700平方千米。沙漠内部沙丘、湖盆、草滩、山地、残丘及平原等交错分布。沙丘面积占71％，以流动沙丘为主，大多为格状沙丘链及新月形沙丘链，高度多在10～20米之间。湖盆有422个，半数有积水，为干涸或退缩的残留湖。包头至兰州铁路有31千米经过腾格里沙漠的东南边缘。铁路沿线200～300米的范围内经过治理，原来的流动沙丘已固定，保障了铁路运输安全。

※ 腾格里沙漠

地球上的沙漠雨林

◎简介

腾格里沙漠形成的主要原因是干旱和风。另外，山上人们滥伐森林树木，破坏草原，使土地表面失去了植物的覆盖，也加速了沙漠的形成。

丰富的沙漠物质是沙漠形成的重要组成部分，它们多分布在沉积物丰厚的内陆山间盆地和剥蚀高原面上的洼地和低平地上。腾格里沙漠、毛乌素沙漠和小腾格里沙漠的大部分沙源于古代与现代的冲积物和湖积物；塔里木河中游和库尔勒西南滑干河下游的沙漠都来自现代河流冲积物；腾格里沙漠和贺兰山、狼山－巴音乌拉山前地区的沙丘来源于洪积冲积物。

腾格里沙漠内大小湖盆多达 422 个。多为无明水的草湖，面积在 1～100 平方千米间。湖盆内植被类型以沼泽、草甸及盐生等为主，呈带状分布，水源主要来自周围山地潜水，是沙漠内部的主要牧场。湖盆边缘已有小面积开垦。人口密度较巴丹吉林沙漠大，居民点分布在较大的湖盆外围。山地大部

※ 草湖

是被流沙掩没或被沙丘分割的零散孤山残丘，如阿拉古山、青山、头道山、二道山、三道山、四道山、图兰泰山等。沙漠内部的平地主要分布在东南部的查拉湖与通湖之间。沙漠腹部有查汗布鲁格、图兰泰、伊克尔等乡。沙漠边缘有通湖、头道湖、温都尔图和孟根等居民点，此外还有一些固沙林场。沙坡头附近为国家自然保护区，面积达 1.27 万公顷。沙漠中有"鸣泉"，可预报地震。

◎丰富的原生态湖泊资源

古黄河奔腾着穿山越谷，经黑山峡一个急转弯流入宁夏的中卫县境内。这个急转弯，不仅使黄河一改往日的波涛汹涌，从一个脾气暴躁的勇士，变成一位文静秀美的少女，平静缓流的黄河水，滋润着两岸的土地，还造就了一个神奇的自然景观——沙坡头。

沙坡头位于中卫县城西 20 千米处的腾格里沙漠南缘，黄河北岸。乾隆年间，因在河岸边形成一个宽 2000 米、高约 100 米的大沙堤而得名沙

陀头，又称沙坡头。百米沙坡，倾斜60度，人从沙坡向下滑时，沙坡内便发出一种"嗡，嗡"的轰鸣声，犹如金钟长鸣，悠扬洪亮，故有"沙坡鸣钟"之美誉，是中国四大响沙之一。天气晴朗时，站在沙坡下抬头仰望，但见沙山悬若飞瀑，人乘沙流，如从天降，无染尘之忧，有钟鸣之乐，所谓"百米沙坡削如立，碛下鸣钟世传奇，

※ 沙坡头

游人俯滑相嬉戏，婆娑舞姿弄清漪。"正是这一景观的写照。

蔚蓝天空下，大漠浩瀚、苍凉雄浑，千里起伏连绵的沙丘如同凝固的波浪一样高低错落，柔美的线条显现出它的非凡韵致。站在腾格里达来高处沙丘，你会看到数百个原生态湖泊像一粒粒明珠点缀在腾格里沙漠中，它们大多有千万年的历史，其中一个奇异的原生态湖泊，酷似中国地图，人们叫它月亮湖。

※ 月亮湖

月亮湖是腾格里沙漠中的天然湖泊，也是腾格里沙漠诸多湖泊中惟一有海岸线的原生态湖泊，因该湖从东边看像一轮弯月，故此得名。当地牧民也把它称为"中国湖"。号称小三峡的月亮湖，清澈静谧颇具灵性。方圆数千米，湖心岛屿众多，半岛更是数不胜数。在月亮湖的周围生长着花棒、柠条、沙拐枣、梭梭等各种灌木林草，还有星点的榆树、杨树和沙枣树。黄羊、野兔、獾猪等数百只野生动物是这里的主人，珍稀的白天鹅、黄白鸭、麻鸭等成群结对栖息于此，沙峰、湖水相映成趣，不啻为人间仙境。

据专家检测，月亮湖一半是淡水湖，一半是咸水湖。湖水含硒、氧化铁等十余种矿物质微量元素，且极具净化能力，这也使得该湖水存留千百万年却毫不混浊，虽然年降水量仅有 220 毫米，但湖水不但没有减少，反而有所增加。在月亮湖 3 千米长、2 千米宽的海岸线上，挖开薄薄的表层，便可露出千万年的黑沙泥。这种月亮湖独有的黑沙泥富含十几种微量元素，与国际保健机构推荐的药浴配方极其相似，品质优于"死海"中的黑泥，可谓是腾格里独一无二的纯生态资源。

◎植被及气候

在沙漠内部，沙丘、湖盆、山地、平地交错分布，其中沙丘占 71%，湖盆占 7%，山地残丘及平地占 22%。在沙丘中，流动沙丘占 93%，其余为固定、半固定沙丘。高度一般为 10～20 米，主要为格状沙丘及格状沙丘链，新月形沙丘分布在边缘地区。高大复合型沙丘链则见于沙漠东北部，高度约 50～100 米。固定、半固定沙丘主要分布在沙漠的外围与湖盆的边缘，植物多为沙蒿和白刺。在流动沙丘上有沙蒿、沙竹、芦苇、沙拐枣、花棒、怪柳、霸王花等，植物生长较巴丹吉林沙漠为好。在沙漠西北和西南的麻岗地区还有大片麻黄，在梧桐树湖一带，沙丘间有天然胡杨次生林，头道湖、通湖等地，有 1949 年后营造的人工林。

气候终年为西风环流控制，属中温带典型的大陆性气候，降水稀少，年平均降水量 102.9 毫米，最大年降水量 150.3 毫米，最小年降水量 33.3 毫米，年均气温 7.8℃，绝对最高气温 39℃，绝对最低气温－29.6℃，年均蒸发量 2258.8 毫米，无霜期 168 天，光照 3181 小时，太阳辐射 150 千卡/平方厘米，大于 10℃的有效积温 3289.1℃。终年盛行西南风，主要害风为西北风，风势强烈，年均风速 4.1 米/秒，风沙危害为主要自然灾害，但光热资源丰富，发展农业具有潜在优势。

◎ 旅游

当地旅游部门为游客安排了许多特殊的活动，像沙漠野餐、沙漠露营、观星赏月、沙漠找水，探访沙漠游牧民族，游览沙漠"鸟湖""鱼湖"以及观赏古代岩画等，这些都是漫游腾格里沙漠的"特色菜"。此外，还为客人提供车辆、食品、驮工、导游以及野营设备，当然，最主要的是骆驼。

旅游用的骆驼除了考究的鞍鞯脚蹬外，还备有盛水果和食品的驮袋，游人们的照相机、望远镜等则可放在横搭在驼背上的土制褡裢里。驼队里除了游客们的坐驼外，还有开路的导驼、导游的陪驼和压尾的后勤驼。驼队配置的叮当作响的驼铃，夜间能响出十里以外，给人以安全、稳健的感觉，同时它还起到规范骆驼步伐的作用。

腾格里沙漠天鹅湖位于内蒙古自治区阿拉善盟阿拉善左旗（巴彦浩特镇）境内，地处腾格里沙漠东部边缘，南北长约 1500 米，东西宽约 500 米，面积约 3.2 平方千米。天鹅湖与月亮湖南北相距 35 千米左右，与旗政府所在地巴彦浩特镇东西同样相距 35 千米左右，三者形成一个钝角等腰三角形。天鹅湖四周是浩瀚的沙漠，沙丘起伏，沙涛滚滚，景象奇伟壮观，令人心旷神怡。天鹅湖和月亮湖一大一小，是腾格里 190 多个湖泊中一对出众的姐妹花，它们相互衬托，各具魅力，吸引了大批游客。

◎ 腾格里沙漠月亮湖

位于中国内蒙古阿拉善盟境内腾格里沙漠腹地，月亮湖是距离国内各大城市半径最短的沙漠探险营地，月亮湖有三个独特之处：一是形状酷似中国地图，站在高处沙丘看，一幅完整的中国地图展现在眼前，芦苇的分布更是将各省区逐一标明；二是湖水天然药浴  配方，面积 3 平方千米的湖水，富含钾盐、锰盐、少量芒硝、天然苏打、天然碱、氧化铁及其他微量元素，与国际保健机构推荐药浴配方极其相似。湖水极具生物净化能力，能迅速改善、恢复自然原生态本色。三是千万年黑沙滩，长达 1 千米，宽近百米的天然浴场沙滩。推开其表层，下面是厚达十多米的纯黑沙泥，更是天然泥疗宝物。景区水、电、通讯设施齐备，交通便利，有黑色油路直达景区接待站。距银川机场、火车站 130 千米左右。

▶知识链接

　　腾格里沙漠地区气候极端干旱，降雨稀少，年平均降水量 200～300 米，有的地方甚至多年无雨。云量少，相对日照长，太阳辐射强。夏季气候炎热，白昼最高气温可达 50℃或以上；冬季又异常寒冷，最冷月平均气温在 0℃以下，年、日气温相差较大。自然景观多为荒漠，自然植物只有少量的沙生植物。

拓展思考

1. 腾格里沙漠有哪些气候特点？
2. 腾格里沙漠有哪些独特的景观？
3. 世界上还有哪些沙漠属于中纬度沙漠？

地球上的沙漠雨林

古尔班通古特沙漠

Gu Er Ban Tong Gu Te Sha Mo

位于新疆准噶尔盆地中央，玛纳斯河以东及乌伦古河以南的古尔班通古特沙漠，面积4.88万平方千米，海拔300～600米，由西部的索布古尔布格莱沙漠，东部的霍景涅里辛沙漠，中部的德佐索腾艾里松沙漠，和北部的阔布北—阿克库姆沙漠四部分组成，是中国第二大沙漠，同时也是中国面积最大的固定、半固定沙漠。

◎荒漠丛林

由于准噶尔盆地属温带干旱荒漠，气流从准噶尔盆地西部的缺口涌入，使古尔班通古特沙漠较为湿润，年降水量在70～150毫米之间，冬季有积雪。春季和初夏降水量略多，年中分配较均匀。沙漠内部绝大部分为固定和半固定沙丘，面积占整个沙漠面积97％，固定沙丘上植被覆盖度40％～50％，半固定沙丘达15％～25％，可以作为优良的冬季牧场，沙漠内植物种类较丰富，可达百余种。植物区系成分处于中亚向亚洲中部荒漠的过渡。自1958年开始，该沙漠出现流动沙丘，流动沙丘集中在沙漠东部，多属新月形沙丘和沙丘链。

沙漠的西部和中部，以中亚荒漠植被区系的种类占优势，广泛分布着白梭梭、梭梭、苦艾蒿、蛇麻黄、囊果苔草和多种短命植物等，沙漠西缘的甘家湖梭梭林自然保护区，是中国惟一以保护荒漠植被而建立的自然保护区，面积上千公顷。古尔班通古特沙漠的梭梭分布面积达100万公顷，在古湖积平原和河流下游三角洲上形成"荒漠丛林"。

沙漠的部分组成沙粒，主要来源于天山北麓各河流的冲积沙层。沙垄是沙漠中最有代表性的沙丘类型，占沙漠面积的50％以上。沙垄平面形态成树枝状，长度也从数百米至十余千米，高度自10～50米不等，南高北低。在沙漠的中部和北部，沙垄的排列大致呈南北走向，而在沙漠的东南部，这些沙垄又呈西北—东南走向。沙漠的西南部分布着沙垄—蜂窝状沙丘和蜂窝状沙丘，南部出现有少数高大的复合型沙垄。沙漠西部的若干风口附近，风蚀地貌异常发育，其中以乌尔禾的"风城"最著名。

与塔克拉玛干沙漠相比，古尔班通古特沙漠并不是寸草不生的流动沙山。亚洲中部灌木是沙漠的主要组成部分，也是优良的冬季牧场。再加上埋藏的古冲积平原和古河湖平原，沉积有巨厚的第四纪松散沉积，赋存着淡承压水，使古尔班通古特虽有沙漠之名，但也是生机盎然，生存的植物多达 300 种以上。

※ 红柳

在准噶尔盆地西北部有大型盐矿，年产原盐 40 万吨。沙漠下还蕴含着丰富的石油资源。路的左边都是彩南油田的采掘工作面，彩南油田是中国投入开发的第一个百万吨级自动化沙漠整装油田。

有专家这样评价古尔班通古特沙漠："沙漠里冬季有较多积雪，春季融雪后，古尔班通古特沙漠特有的短命植物迅速萌发开花。这时的沙漠一片草绿花鲜，繁花似锦。这些植物把沙漠装点得生机勃勃，也使美景充满诗情画意……""春季开花的短命植物群落最引人注目，冬季的雪景、春季的鲜花、夏季的绿灌都各有特色。"走在这样的沙漠里，真是美不胜收。

◎胡杨

胡杨逐渐演变成荒漠河岸林的植物，是在第四纪早、中期。炎热干旱的环境并没有使胡杨屈服，顽强的生命力使它长到 30 多米高。当树龄开始老化时，它会逐渐自行断脱树顶的枝杈和树干，最后降低到三、四米高，不过依然枝繁叶茂，直到老死枯干，仍旧站立不倒。在额济纳旗，对于胡杨又有这样的说法"长了不死一千年，死了不倒一千年，倒了不朽一千年！"

世界上绝大部分的胡杨生长在中国，而中国 90％以上的胡杨又生长在新疆的塔里木河流域。被中国特产之乡推荐及宣传委员会评为"中国塔里木胡杨之乡"的沙雅县，目前，拥有面积达 366.22 万亩天然胡杨林，占全国原始胡杨林总面积的四分之三。2008 年，沙雅南部集中连片、密度较高的 198.79 万亩胡杨林被上海大吉尼斯授予"最大面积的原生态胡杨林"称号。

在这里生命与死亡竞争，绿浪与黄沙交织，现代与原始并存。各种奇观异景，竞相铺开在人们的眼前，有寸草不生、一望无际的沙海黄浪，有梭梭成林、红柳盛开的绿岛风光，有千变万化的海市蜃楼幻景，有千奇百怪的风蚀地貌造型，有风和日丽、黄羊漫游、苍鹰低旋的静谧画面，还有狂风大作、飞沙走石、昏天黑地的惊险场景。中午时分，黄沙烫手，可暖熟鸡蛋；夜晚寒气逼人像是进入冬天。沙漠探险，可从东道海继续北上，沿古驼道

※ 胡杨

横穿古尔班通古特大沙漠腹地，直抵阿勒泰，是观光考察自然生态与人工生态的理想之地。

　　茫茫大漠不仅景色迷人，还保留了大量珍贵的古"丝绸之路"文化遗迹。北庭都护府遗址（红旗农场南）、土墩子大清真寺、烽火台、马桥故城、西泉冶炼遗址、一〇三团场新渠城子遗址、一〇五团场头道沟古城遗址等都在这条通道附近。

▶ **知识链接**

　　古尔班通古特沙漠是个非常适合大众观光旅游、探险穿越的沙漠，只有真实地走进她，你才能更好地了解她、理解她。

　　如果你已迫不及待地想见到她，就沿着以下路线走吧！可以先乘飞机或者火车到达乌鲁木齐市，然后转乘开往石河子市的班车。从石河子市开往150团的班车一天大约有3～4次，车程约三个小时。到达一〇五团后离驼铃梦坡景点还有约100千米的路程，游人可以选择包车或乘中巴车到景点。由于路程较远，事先要做好体力和精神上的充分准备！

| 拓展思考 |

　　1. 古尔班通古特沙漠有哪些植被？

　　2. 你觉得去古尔班通古特沙漠的最佳季节是什么时候？

　　3. 你是否学过描写"胡杨"的课文？

塔尔沙漠

Ta Er Sha Mo

塔尔沙漠位于印度西北部和巴基斯坦东南部，西以印度河、萨特卢杰河为界，东以印度马尔瓦高原东侧为缘，为印度大沙漠的延伸部分。它是印度最大的沙漠，同时也是世界上最小的沙漠。

◎地理位置及成因

塔尔沙漠是南亚西北部沙漠，海拔 100～200 米，面积约 30 万平方千米。属亚热带荒漠气候，受周围高原山地，特别是西侧伊朗高原的影响，很少降雨。年均降水量小于 100 毫米，这里的雨季一般是在 7～9 月，5～6 月最热，可出现 50℃ 的高温；1 月气温最低，平均气温为 5℃～10℃，有霜降。夏季最热月气温达 48℃～51℃。5～6 月的强烈尘暴是沙漠中的重要灾害。大部分地区无植物生长，少数耐干、热的植物可以生存。

沙漠主要以沙质荒漠为主，东南部多砾漠。沙丘一般高达 30～90 米，

※ 塔尔沙漠

沙垄、盐滩地、龟裂地广布。沙漠中有季节性盐湖及干河道，地下水位埋藏较深。在可利用地下水的地区，种有小麦和棉花。饮水与生活用水多靠水池贮存雨水。地下水位很低且多为咸水，不便利用。近年来，在沙漠中部地区发现了优良的含水层。

经济以农业为主，在有水源灌溉的地方出产小麦、棉花、甘蔗、粟、芝麻、豆类和辣椒等农作物。自1960年，印、巴签订用水协定后，双方都在塔尔沙漠区建立重要灌溉工程。苏库尔坝（1932年完成）灌溉巴基斯坦塔尔沙漠的南部，甘格灌渠灌溉其北部地区。拉贾斯坦灌渠灌溉印度塔尔沙漠广大的土地，赫里盖坝灌溉印度塔尔沙漠的北部。当地矿藏有褐煤、天然气、石膏、石灰岩、班脱岩和玻璃沙等。

▶**知识链接**

　　塔尔沙漠的四季与相同纬度别的地方相比有很大的不同。在沙漠地区，春、秋两季持续的时间特别短。春、秋两季加起来也只有2个半月到3个月左右。春、秋季节一短，冬、夏季节就显得格外地长。又因为沙漠地区太过干旱，没有水分调节，春季气温直线上升，秋季却气温直线下降。沙漠气候中的温度变化，是世界各种气候中最变化多端的。所以有人形容说："中亚干旱地区，一年只有两季：西伯利亚的冬季和撒哈拉的夏季"是有道理的。

拓展思考

　　1. 根据你所了解的知识，说明沙漠地区的温度变化多样的原因。
　　2. 试分析塔尔沙漠中尘埃形成的原因。

撒哈拉大沙漠

Sa Ha La Da Sha Mo

撒哈拉沙漠位于非洲北部，其总面积约 9，065，000 平方千米，几乎占整个非洲大陆的三分之一，是世界上最大的沙漠。由于气候条件非常恶劣，是世界最大的沙质荒漠，同时也是地球上最不适合生物生存的地方之一。

※ 撒哈拉沙漠

◎简介

"撒哈拉"是阿拉伯语的音译，源自当地游牧民族图阿雷格人的语言，原意即为"沙漠"。撒哈拉沙漠约形成于250万年前，是世界上仅次于南极洲的第二大荒漠。这个世界上最大最著名的荒漠，隔红海与另一片巨大的阿拉伯沙漠相邻，它们加起来比中国的面积还要大。由于撒哈拉大沙漠正好处于回归荒漠带上，所以它有着最典型的沙漠气候，环境

※ 沙漠中的植被

极端严酷，在中心地带甚至可以全年无雨。这里不仅气候干旱，夏季还非常炎热，是地球的"热极"，地表的高温可以在几分钟内将鸡蛋煮熟。撒哈拉大沙漠向南沿红海沿岸到达有"非洲之角"之称的索马里境内，形成了世界上为数不多的靠近赤道的干旱地区。撒哈拉沙漠虽然非常干燥，但是它的大部分地区每年都会定期下雨，只不过降雨量仅十几毫米罢了。

◎成因

（1）北非位于北回归线两侧，常年受副热带高气压带控制，盛行干热的下沉气流，且非洲大陆南窄北宽，受副热带高压带控制的范围大，干热面积广。（2）北非与亚洲大陆紧邻，东北信风从东部陆地吹来，不易形成降水，使北非更加干燥。（3）北非海岸线平直，东侧有埃塞俄比亚高原，对湿润气流起阻挡作用，使广大内陆地区不受海洋的影响。（4）北非西岸有加那利寒流经过，对西部沿海地区起到降温减湿作用，使沙漠逼近西海岸。（5）北非地形单一，地势平坦，起伏不大，气候单一，形成大面积的沙漠地区。

◎气候

撒哈拉沙漠气候由信风带的南北转换所控制，常出现许多极端。它有世界上最高的蒸发率，并且有一连好几年没降雨的最大面积纪录。气温在海拔高的地方可达到霜冻和冰冻地步，而在海拔低处可有世界上最热的天气。

撒哈拉沙漠由两种气候情势所主宰：北部是干旱副热带气候，南部是干旱热带气候。干旱副热带气候的特征是每年和每日的气温变化幅度大。年平均日气温的年幅度约20℃（68 ℉）。平均冬季气温为13℃（55 ℉）。夏季极热。利比亚的阿济济耶最高气温曾达到创纪录的58℃（136 ℉）。年降水量为76厘米（3吋），虽然降雨变化极大，多数降水发生在12～3月期间。另一降水高潮是8月，以雷暴形式为主。这种暴雨可导致巨大的暴洪冲入无降雨现象的区域。干旱热带气候的特征是随太阳的位置有一个很强的年气温周期；温和干旱的冬季和炎热干旱的季节之后有个反复多变夏雨。撒哈拉沙漠干旱热带区域年平均日温差为17.5℃（31.5 ℉）。最冷月份平均温度与北部副热带地区基本相同，有的时候日温差特别大，在北非的黎波里以南的一个气象观测站，1978年12月25日曾有白天最热达37.2℃，而晚上降至最低温－0.6℃的记录，日温差达37.8℃，真是可用"朝穿皮袄午穿纱"来形容。至春末夏初很热，50℃（122 ℉）的高温并不稀罕。虽然干旱热带山丘的降水量全年都很小，低地的夏季一次雨量可达最高。在北部，这类降雨多数都是以雷暴方式发生，年降水量平均约125厘米（5吋）。沙漠西边缘的冷加那利洋流降低了气温，从而减少了对流雨，但湿度加大还时而出现雾。撒哈拉沙漠南部的冬季是吹哈麦丹风期，这是带沙和其他小尘粒的干燥东北风。

◎ 植被

撒哈拉沙漠中的植被非常稀少，仅在高地、绿洲洼地和干河床四周散布着成片的青草、灌木和树。含盐洼地发现有盐土植物（耐盐植物）。在缺水的平原和撒哈拉沙漠的高原可见某些耐热耐旱的青草、草本植物、小灌木和树。高地残遗木本植物中主要有油橄榄、柏和玛树。

◎ 动物

沙漠北部的残遗热带动物群有热带鲃和丽鱼类，它们都发现于阿尔及利亚的比斯克拉和撒哈拉沙漠中的孤立绿洲中；眼镜蛇和小鳄鱼可能仍生存在遥远的提贝斯提山脉的河流盆地中。哺乳类动物有沙鼠、跳鼠、开普野兔和荒漠刺猬；柏柏里绵羊和镰刀形角大羚羊、多加斯羚羊、达马鹿和努比亚野驴；安努比斯狒狒、斑鬣狗、一般的胡狼和沙狐；利比亚白颈鼬和细长的獴。

不算迁徙鸟和候鸟，撒哈拉沙漠中有鸟类超过 300 种，沿海地带、内地水道吸引了许多种类的水禽和滨鸟。内地鸟类主要有鸵鸟、各种攫禽、鹭鹰、珠鸡和努比亚鸨、沙漠雕鸮、仓鸮、沙云雀和灰岩燕以及棕色颈和扇尾的渡鸦。沙漠的湖、池中有藻类、咸水虾和其他甲壳动物，这里也是蛙、蟾蜍和鳄的生活地。蜥蜴、避役、石龙子类动物以及眼镜蛇出没在岩石和沙坑之中。至于蜗牛，它们是鸟类和动物的重要食物来源。沙漠蜗牛通过夏眠之后存活下来，在由降雨唤醒它们之前，它们会几年保持不活动。

◎ 资源

撒哈拉沙漠在殖民统治期间，殖民当局对这块看似没有希望的地区的经济发展毫无兴趣。但第二次世界大战之后，尤其在发现了石油之后，此地引起了国际的兴趣和投资。金属矿物在经济上相当重要。阿尔及利亚拥有几个很大的铁矿，毛里塔尼亚西部的伊吉尔山的储存量也相当可观；埃及、突尼斯、摩洛哥、西撒哈拉沙漠和尼日尔的存

※ 鸵鸟

地球上的沙漠雨林

储量略逊。毛里塔尼亚西南部阿克茹特附近埋有相当数量的铜矿石，阿尔及利亚贝沙尔南面有大量的锰矿。铀则广泛分布在撒哈拉沙漠。摩洛哥和西撒哈拉沙漠有极丰富的磷酸盐。

燃料资源包括煤、石油和天然气。煤的来源有摩洛哥的无烟煤层和靠近贝沙尔的烟煤田。第二次世界大战后，随着在阿尔及利亚的因萨拉赫发现石油，在埃及的沙漠西部、利比亚的东北部、阿尔及利亚的东北部都发现丰富的储藏量。突尼斯和摩洛哥的储藏量则少些，乍得和尼日尔的储量也不多。在撒哈拉也发现了油页岩。阿尔及利亚的大天然气田已开采，埃及、利比亚和突尼斯也有小一些的天然气田。

◎地形地貌

撒哈拉沙漠位于阿特拉斯山脉和地中海以南，东西长约4800千米，南北长在1300～1900千米之间，总面积约860万平方千米，约占非洲总面积32％。大约400万人口在这里生活。沙漠覆盖了毛里塔尼亚、西撒哈拉、阿尔及利亚、利比亚、埃及、苏丹、乍得、尼日尔和马里等国领土，紧挨摩洛哥和突尼斯。西起大西洋海岸，北临阿特拉斯山脉和地中海，南为萨赫勒一个半沙漠干草原的过渡区，东到红海。横贯非洲大陆北部。

撒哈拉沙漠由石漠（也叫岩漠）、砾漠和沙漠组成，地貌类型多种多样。石漠多分布在撒哈拉中部和东部地势较高的地区，主要由成片的砂岩、灰岩、白垩和玄武岩构成，或岩石裸露或仅为一薄层岩石碎屑。有名的石漠如廷埃尔特石漠、哈姆拉石漠、莎菲亚石漠等，尼罗河以东的努比亚沙漠主要也是石漠。砾漠常见于石漠和沙漠之间，多分布在利比亚沙漠的石质地区、阿特拉斯山、库西山等山前冲积扇地带，如提贝斯提砾漠、卡兰舒砾漠、盖图塞砾漠等。除少数较高的山地、高原外，沙漠到处都有大面积分布。所以沙漠的面积也最为广阔。较著名的有利比亚沙漠、赖卜亚奈沙漠、奥巴里沙漠、阿尔及利亚的东部大沙漠和西部大沙漠、舍什沙漠、朱夫沙漠、阿瓦纳沙漠、比尔马沙漠等。

"沙海"是面积较大的沙漠。沙海由复杂而有规则的大小沙丘排列而成，形态复杂多样。有高大的固定沙丘，有较低的流动沙丘，还有大面积的固定、半固定沙丘。固定沙丘主要分布在偏南靠近草原地带和大西洋沿岸地带。从利比亚往西直到阿尔及利亚的西部是流沙区。流动沙丘顺风向不断移动。在撒哈拉沙漠曾留有流动沙丘一年移动9米的记录。

◎撒哈拉沙漠之谜

撒哈拉地区大面积为无人区，平均每平方千米不足1人，是真正意义上的地广人稀。当地居民主要以阿拉伯人为主，其次是柏柏尔人等。以农业为主，居民和农业生产主要分布在尼罗河谷地及周围绿洲，部分以游牧为主。尽管如此，撒哈拉沙漠依然风沙盛行，沙暴频繁。尤其在春季，春天是沙暴的高发季节。

从20世纪50年代以来，丰富的石油、天然气、铀、铁、锰、磷酸盐等矿产陆续在沙漠中被发现。随着矿产资源的大规模开采，该地区一些国家的经济面貌也随之改变，如利比亚、阿尔及利亚现已成为世界主要石油生产国，尼日尔成为著名产铀国。沙漠中也出现了公路网、航空线和新的居民点。这里贮藏的丰富矿产资源，使之成为许多国家都在注视着的荒凉宝地。

"放眼望去，只见一座座金黄色的沙丘连绵起伏，有的沙丘很大，像高大的金字塔。在大大小小的沙丘左右有很多棕褐色的岩石，有的像人的大拇指，有的像一头蹲着的骆驼……"是撒哈拉沙漠留给人的第一印象。"撒哈拉"在阿拉伯语里是"空虚无物"的意思，被称为"生命的坟墓"，撒哈拉沙漠的骆驼全是单峰驼，不需要精饲料，却耐热耐寒，忍饥耐渴。只需消耗很少的草和水，就能在沙漠里负载200千克货物走几个星期。考古学家发现，撒哈拉在很早以前是一片生机盎然的土地。有他们在沙里发现过的许多洞穴以及这些洞穴岩壁留下的壁画为证，壁画中绘有成群的长颈鹿、羚羊、水牛和大象，还有人类在河流里荡舟，猎人执矛追杀狮子的场面，壁画中的塞法大神则是当地民众的"丰收神"，象征着六畜兴旺的太平景象。

1981年11月，飞越撒哈拉的美国航天飞机利用遥感技术，发现了茫茫黄沙下埋藏着的古代山谷与河床。随后，地质工作者通过实地考察，证实沙漠下面的土壤良好，并且发现了古人的劳动工具和生活用品。据推测，这些古人的生活年代应该在20万年前，至晚也应该是在1万年前。同时在撒哈拉漫漫黄沙下几百米至几千米处，人们还发现藏有30万立方千米地下水。

这些水从何而来？撒哈拉不是海洋演化生成，为什么却发现了盐矿？撒哈拉的漫天黄沙又来自何方？又是什么原因使当年绿洲变成了"穷荒绝漠鸟不飞"的千里沙海呢？一个又一个问题使撒哈拉沙漠尽显神秘。

科学家对这些问题形成了两种对立观点。一种认为，远古时代撒哈拉诸部落为了扩大自己的政治与经济实力，无节制地烧木砍林，放养超过草原承载能力的牲畜，若干世纪下来，森林锐减，草原干旷，土地沙化，最后演变成了大沙漠。另一种认为，是地质历史大周期的转折改变了撒哈拉的古气候环境，年均降水量由 300 毫米左右突然降至仅 50 毫米，先是局部地区的沙漠化，然后节奏逐渐加快，沙漠不断蚕食周边的绿洲，最终将非洲的三分之一土地都吞没了。至于撒哈拉沙漠的形成的真正原因，还有待科学家们的进一步考察。

▶ **知识链接**

　　贸易风沙漠是指从副热带高压散发出来向赤道低压区辐合的风，来自陆地的贸易风越吹越热。很干的贸易风吹散云层，使得更多太阳光晒热大地。世界上最大的沙漠撒哈拉大沙漠主要形成原因就是干热的贸易风（当地称哈马丹风），白天气温可以达到 57℃。

拓展思考

1. 撒哈拉沙漠作为世界第一大沙漠有什么特点？
2. 撒哈拉沙漠有哪些动物？

地球上的沙漠雨林

利比亚沙漠

Li Bi Ya Sha Mo

利比亚位于非洲北部，面积 177.55 万平方千米，全境 95％以上地区被沙漠和半沙漠覆盖。

※ 利比亚沙漠

◎地理位置

　　利比亚沙漠是自南向北倾斜的高原，位于撒哈拉沙漠的东北部。包括埃及中、西部和利比亚东部。沙漠南部海拔 350～500 米，中、北部海拔 100～250 米，西南部地势最高，海拔达 1800 米。利比亚全境 95％以上地区为沙漠半沙漠，沿海和东北部内陆区是海拔 200 米以下的平原，其他地区基本上为沙砾覆盖，向北是倾斜的高原和内陆盆地。高原上分布着海拔 500～1500 米的山脉。内陆区属热带沙漠气候。年平均降水量自北往南由 500～600 毫米依次递减到 30 毫米以下，常有来自南面撒哈拉沙漠的干热风为害。中部的塞卜哈是世界上最干燥的地区之一。

※ 椰枣

　　从利比亚东部起，穿过埃及西南部延伸至苏丹西北端。沙漠中有多岩石高原和岩石或沙质平原，气候干燥，不适宜居住。最高点为三国交界处的欧韦纳特山，高 1934 米。埃及的盖塔拉洼地处在海平面以下 133 米。居民不多，集中分布在埃及锡瓦、拜哈里耶、费拉菲拉、达赫拉、哈里杰等绿洲和利比亚库夫拉绿洲等地。

　　利比亚沙漠西部以石漠为主，东部以流沙为主，大部分地区被沙砾覆盖，由于风力作用，流沙每年平均向西南移动 15 米。这里气候干燥，夏季气温可高达 50℃ 以上；降水量少，多低洼盆地，地表水贫乏。但地下水分布却十分广且埋藏深，出露处形成许多绿洲，比较出名的有：贾卢绿洲、达赫莱绿洲、费拉菲拉绿洲、锡瓦绿洲、

※ 冲积扇

库夫拉绿洲等。库夫拉绿洲是利比亚东南部的绿洲群，地处古代的商路上，长48千米，宽约20千米，历来盛产椰枣、大麦、葡萄、油橄榄。由此兴起的有橄榄油、地毯、皮革加工、银器制作等手工业。上世纪六十年代后这里成为全国重点农业发展地区之一，人们引用地下水，扩大灌溉面积，种植饲料作物，增加牲畜饲养。焦夫是农产品和手工业品集散地，也是最大的居民点。公路直通班加西，有航空站。周围地区是全国地下水资源最丰富处，正实施"人工河"水利工程计划。

令人惊奇的是，在这气候干燥，极端干旱缺水、土地龟裂、植物稀少的矿地，居然曾经有过繁荣昌盛的远古文明，远古文明的结晶都一一体现在沙漠中许多绮丽多姿的大型壁画中。

知识链接

阿拉伯埃及共和国的首都开罗，不仅是非洲最大的城市，也是著名的旅游城市。

伊斯兰教是埃及的国教，公元九世纪，阿拉伯的风俗习惯也慢慢的深入人心。从这以后，人们大量修建的清真寺也开始遍布各个城市和一些村镇。尤其是首都开罗，修建的清真寺大约有250多处，宣礼塔就有很多，因此有"千塔之城"的称谓。"开罗西南郊的大金字塔和狮身人面像，更使开罗成为令全世界游人非常神往的历史名城。

拓展思考

1. 利比亚沙尘暴成因有哪些？
2. 利比亚沙漠的气候特点是什么？

纳米布沙漠

Na Mi Bu Sha Mo

纳米布沙漠，也可音译为纳（那）米比沙漠，它位于纳米比亚和安哥拉境内。起于安哥拉和纳米比亚的边界，止于奥兰治河，沿非洲西南大西洋海岸延伸 2100 千米，属非洲西南部大西洋沿岸干燥区，是世界上最古老、最干燥的沙漠之一。该沙漠地形奇特，最宽处达 160 千米，而最狭处只有 10 千米。

纳米布沙漠是一个气候清爽凉快的沿海沙漠，全长 1900 千米，从安哥拉的那米贝沿着大西洋岸边向南穿过那米比亚到达南非开普省的象河，伸及内陆 130～160 千米，直至大陆崖山脚，南面部分在陡崖顶上高原处与安哥拉合为一体。它的名字是从纳马语来的，意为"一无所有的地方"。

◎ 特征

除了几个城镇外，纳米布沙漠几乎杳无人烟。它之所以重要是因为有

※ 纳米布沙漠

几条商路从这里穿过，还有它所含有的矿藏，以及沿海捕鱼业及其为娱乐目的的利用率的增加。

凯塞布干河把纳米布沙漠分成两个部分，南面是一片浩瀚的沙海，内有新月形、笔直状以及星形的沙丘，其中有一些达 200 米高。沙丘底下有历时 100 多万年之久的砾石层，这里拥有世界上最大的金刚石矿床。凯塞布干河以北是多岩的砾石平原。沿斯凯利顿海岸一带的海洋汹涌险恶，许多航海者在那里翻船，甚至送命。

◎降水

纳米布沙漠气候非常干燥，沿岸的年降雨量不到 25 毫米，暴风雨常常是骤然降临，而全年则往往无雨。湿度来自夜间所形成的露水以及每隔 10 天左右夜间吹入海岸的雾霭。

这里所见到的动植物为了适应严酷、干旱的自然环境，以求得生存发展，有的已学会从雾霭吸取水分。在凯塞布干河以北的砾石平原上，生长着一种特殊的本地特有植物——"百岁兰"（又叫千岁兰）。据说能存活 2000 年，可长到 4 米高，但露出地面的部分只有两片皮革般的带状叶子，所需的水分从叶子中吸入。

◎生物

1. 植物

纳米布沙漠可分为六个植被区，它们分别是：海岸区，多肉质植物，主要使用来自雾里的潮气；外纳米布几乎完全荒芜；内纳米布的干草原，多年均荒芜，但在湿年长出短草，一年生或多年生；内纳米布的沙丘，有时会出人意外地生长出繁茂的灌木丛植物群和高高的青草；较大的河道，沿岸长着大树，尤以金合欢类树为主；南部冬季降雨区，有肉质植物丛。

※ 海鸟

2. 动物

内纳米布平原和沙丘哺育了大量羚羊，这些羚羊又分多个种类，尤以东非大羚羊和跳羚最为常见，此外还有鸵鸟和一些斑马。北那米布有象、犀、狮、鬣狗和胡狼，沿着从内陆高地流向大西洋的河滨这些动物尤多。外纳米布的沙丘为各类的昆虫和爬虫类提供了居所，其中最多的有甲虫、壁虎和蛇，但却没有哺乳动物。海岸地区到处都是海鸟（尤其是红鹳、鹈鹕，在南部则有企鹅）以及少量的胡狼，一些啮齿类动物和一些海豹聚居区。每年人们都可从几个近海岛屿的岩石上刮下大量的鸟粪。

▶ 知识链接

　　临近纳米比沙漠海岸有4个城市。斯瓦科普蒙德是纳米比亚的夏日首都，是最受欢迎的海滨度假胜地，在那里依然保留着许多昔日西南非为德国殖民地时的气氛。斯瓦科普蒙德南面的鲸湾是属于南非的一块海滨飞地，四周是那米比亚国土。这是个现代化的港口城市，居民以欧洲人、有色人种和非洲人为主。该港口作为捕鱼船队的基地，既有岸上罐头食品厂也有公海上罐头船，同时也是纳米比亚的转口海港。

| 拓展思考 |

1. 纳米布沙漠有哪些动植物？
2. 纳米布沙漠中有哪些矿产？

巴塔哥尼亚沙漠

Ba Ta Ge Ni Ya Sha Mo

巴塔哥尼亚一般指的是南美洲安地斯山以东、科罗拉多河以南的地区，主要位于阿根廷境内，小部分则属于智利。巴塔哥尼亚沙漠位于南美洲南部的阿根廷，在安第斯山脉的东侧，面积约 67 万平方千米。

※ 巴塔哥尼亚风景

◎物产丰富的巴塔哥尼亚沙漠

这里的地形主要是高原以及窄小的海岸平原，河流发源于安地斯山，向东流入大西洋，切割成河谷。但由于当地雨量不多，河流大多为间歇河，南部有许多冰河地形如峡湾等。巴塔哥尼亚受福克兰寒流的影响，气候寒冷干燥，年降雨量在 90～450 毫米之间，年均温在 6℃～20℃，越往南部越寒冷且雨量越少，大多地区形成荒漠，有巴塔哥尼亚沙漠之称。这个地区农业并不发达。南部植物稀少，北部有河水灌溉处可生产水果、苜蓿、橄榄等。西北部高原有石油、铁、锰等矿产资源。来自阿根廷与北美的一队科学家在巴塔哥尼亚沙漠发现了可能是目前为止地球上最大的食肉恐龙化石，还发现了六种未知物种的生物化石。古生物学家宣布在阿根廷巴塔哥尼亚北部地区挖掘出一具食草恐龙的巨型骨架化石，身长 32 米，是迄今为止发现的体积最大的恐龙化石之一。在这之前，该省还发现了另外两种以庞大著称的恐龙化石。

巴塔哥尼亚地区之所以成为最热门的考古圣地，不仅是因为在那里挖掘出了恐龙化石，更重要的是在那里能发现白垩纪的恐龙化石。要知道，生活在白垩纪的恐龙，是体积中最大的恐龙，它的大小和形状也超出了以前所有的恐龙类型。由于海平面的上升和大自然的侵蚀，沉积物从那时起就直接暴露于巴塔哥尼亚沙漠和荒地的表面，这是化石易于被人发现和挖掘的主要原因。巴塔哥尼亚发现的三大"巨龙"化石都属于一种长颈蜥脚类动物，是生长在南美地区的大型恐龙。

巴塔哥尼亚良好的资源环境和丰富的矿藏条件，得益于它特殊的构造基础和复杂的地质条件，也使它成为阿根廷最具开发前景的地区。这里的石油储量不仅大、而且分布广。近年来，在沿海大陆架找到更多更丰富的石油、天然气资源。以里瓦达维亚为中心的巴塔哥尼亚地区已成为阿根廷最大的石油基地，石油产量占全国总产

※ 苜蓿

量的60%以上。里奥图尔比奥位于巴塔哥尼亚的南端，是阿根廷最大的煤矿区，阿根廷全国的工业用煤几乎全由这个煤矿供应。此外，在巴塔哥尼亚地区的火地岛、圣胡安及高原山脉区都蕴藏着丰富的泥煤资源。

巴塔哥尼亚中部是丰富的铀矿区。有以丘布特省的洛斯阿尔多贝斯铀矿为代表的3座铀矿。丘布特省还蕴藏着丰富的铝土。至于大铁矿则位于里奥内格罗省的谢拉格朗德则。

除铀、铝、和铁外，巴塔哥尼亚地区还有钼、铜、锌、铅、石灰、耐火粘土和陶土等矿产。

◎地区沙漠化

陆地上干燥少雨的地区，植被稀少，风力强劲，地表或是累累粗石，或者是一片黄沙。这种干旱、多风、地面裸露的地区，一般称为荒漠。根据荒漠地区的地面形态及组成物质，可将其划分为岩漠、砾漠、泥漠和沙漠等几种类型。

岩漠也可称石质荒漠，主要分布在干燥地区的山地或山麓。砾漠蒙语的意思是戈壁，它的特点是地面被大片砾石所覆盖，看上去犹如一望无际的石海；泥漠是一种由粘土物质组成的荒漠；荒漠中最主要的类型是沙漠，它的特点是地面由沙性物质组成。在世界范围内，沙漠面积约占陆地总面积的十分之一左右。沙漠形成必不可少的条件是干燥少雨。从这个意

义上讲，沙漠是干燥气候的产物。那么浩瀚无垠的沙漠中丰富的沙源又来自何处？一般认为，它们是松散物质裸露地表之后，经长期风力侵蚀搬运与分选而形成。沙漠地区大多是由连绵起伏的沙丘组成。沙丘形态各异，并且在风力的作用下不断移动，使一些原本不是沙漠的地区出现沙漠化。沙漠的形成和扩大，除与气候和地面

※ 恐龙

物质有关之外，在一定程度上还与人类过度的开发有关，土地沙漠化的现象应引起全世界的注意。

知识链接

　　巴塔哥尼亚高原自然环境独具特色，矿产资源非常丰富，具有一定经济基础和巨大发展潜力，是阿根廷和南美洲的重要地区。西班牙语中"巴塔哥尼亚"的意思是"巨足"。早在1519年，随麦哲伦环球旅行的意大利学者安东尼奥·皮加费塔，到达今天里瓦达维亚海军准将城附近，看到当地土著居民——巴塔哥恩族人脚着胖大笨重的兽皮鞋子，在海滩上留下巨大的脚印，便把这里命名为巴塔哥尼亚。

拓展思考

1. 巴塔哥尼亚沙漠有哪些特点？
2. 巴塔哥尼亚沙漠中为什么有恐龙化石的存在？

阿塔卡玛沙漠

A Ta Ka Ma Sha Mo

阿塔卡玛沙漠，位于安第斯山脉和南太平洋岸之间南北绵延约 1000 千米处，主体在智利北部境内，也有部分位于秘鲁、玻利维亚和阿根廷。总面积约为 181，300 平方千米，是南美洲西海岸中部的沙漠地区。

※ 阿塔卡玛沙漠

◎ "等待"了 400 年的雨

位于南美沿海的阿塔卡玛沙漠，是世上最干的沙漠，一般要 5～20 年才会下一次超过 1 毫米的雨。由一连串盐碱盆地组成，地面上几乎没有植物。在沙漠中心，有一处地球上最为干旱的地方，被气候学家们称为"绝对沙漠"，在这里看不到任何生命的痕迹。

※ 阿塔卡玛沙漠

阿塔卡玛沙漠介于南纬 18°～28°之间，从沿海到东部山麓宽 100 多千米。在副热带高气压带下沉气流、离岸风和秘鲁寒流的综合控制下，成为世界最干燥的地区之一，且在大陆西岸热带干旱气候类型中具有鲜明的独特性，形成了沿海、纵向狭长的沙漠带。

阿塔卡玛沙漠由一系列盐碱盆地组成，是坐落在干旱无雨区的高原地形，从智利与秘鲁交界处向南延伸约 960 千米，地势一般比海平面高，平均海拔达到 610 米。高原上错落分布着盐分极高的咸水湖、沙子及火山岩浆熔岩，盛产硝石、银矿和铜矿。目前世界上最大的埃斯孔迪达和楚基卡马塔两座铜矿均位于阿塔卡玛沙漠中。泛美高速公路南北纵贯该地区。19 世纪后期在这里发生了硝石战争，主要原因是智利、玻利维亚和秘鲁对该地区的争夺，战争以智利的获胜而告终。战后，智利相继占领了玻利维亚的安托法加斯塔和秘鲁的阿里卡，从而也独占了阿塔卡玛沙漠的绝大部分地区。

◎干燥的原因

阿塔卡玛沙漠因平均年降水量小于 0.1 毫米，又形象地被称为世界的"干极"。

由于阿塔卡玛沙漠常年无降雨，因此只有极少数的地衣、仙人掌生长。那么，阿塔卡玛沙漠到底有多干燥呢？根据科学家最新研究表明，在阿塔卡玛沙漠的一些土壤中连一丝生命迹象都没

※ 安第斯山脉

有。地质学家认为在阿塔卡玛沙漠的安托法加斯塔一带的地质近似于火星的地表。你能想到阿塔卡玛沙漠曾经经过的延续干旱时间是多久吗？

答案是：**整整 400 年**！这的确发生在智利阿塔卡玛沙漠的部分地区。这些地区自 16 世纪末以来，在 1971 年第一次下了雨。至于位于阿塔卡玛沙漠北端的阿里卡，那里从来就不下雨。所在阿塔卡马地区，那里的房屋没有挡雨房檐，屋顶大都建成平面，不必考虑排水斜度的问题，有的居民还在屋顶砌上一圈矮矮的围墙，用来堆放自家杂物。城市里尽管街道纵横交错，马路上却没有排水道。商店里也没有防雨商品可卖，大部分人不知道雨伞、雨衣是何物，由于缺乏防雨设施工具，即使一点降雨也会引起全城的人的不安。

一般说来，南北回归线附近，大陆东岸降水多，大陆西岸降水少，阿塔卡玛沙漠正好位于南回归线附近的大陆西岸，所以常年高温少雨，属热带沙漠气候。阿塔卡玛沙漠为什么会如此干旱呢？这主要是因为，一方面来自南极的寒流虽然产生了很多的雾和云，但并没有降雨；另一方面是，

在阿塔卡玛沙漠的东面，安第斯山脉如同一道天然屏障，挡住了来自亚马孙河流域可能形成雨云的湿空气。

※ 橄榄

虽然气候极为干旱，可在阿塔卡玛沙漠里却生活着100多万人。没有水，他们就用一张张稠密网幕，捕捉翻滚过山峰上的浓雾，让浓雾在网表面凝聚成水滴，再用管道引来应用。凭借这种方法他们还从蓄水层中采集到少量地下水，用以种植橄榄、西红柿和黄瓜。高原上的人们则依靠高山雪水种植作物，放牧骆驼、羊驼。

沙漠沿岸由秘鲁寒流带来南极冷水，使空气下冷上暖，造成逆温层，更不利于形成降雨。在一个世纪中，伊基克和安托法加斯塔只下过2～4次大雨。

▶ 知识链接

　　沿海沙漠通常是指位于北回归线和南回归线附近的大陆西岸地区。那里因有寒流经过，降温降湿，冬天会起很大的雾，遮住太阳。沿海沙漠形成的原因有：陆地影响、海洋影响和天气系统影响。

　　阿塔卡玛沙漠是有名的干燥之地，有些地区已经几个世纪没有下雨了。

　　"干谷"位于南极的内陆地区，两百多万年以来，这里都没有降水。"干谷"形成的原因在于"焚风"，"焚风"以300千米的时速掠过"干谷"，致使那里的冰雪很快升华变成水汽，并被风带走。除几块陡峭的巨石上有冰雪外，"干谷"里的地面都暴露在外，是南极大陆唯一没有被冰雪覆盖的地方。

| 拓展思考 |

1. 阿塔卡玛沙漠的地形特征是什么？
2. 阿塔卡玛沙漠是怎样形成的？

拉克依斯马拉赫塞斯沙漠

La Ke Yi Si Ma La He Sai Si Sha Mo

巴 西是世界上最大的热带雨林拥有国，全球 30％的淡水资源都储存在这里。就是这样一个湿润多雨的国家，居然也能找到沙漠的存在，你相信吗？

◎蓝色的沙漠

位于巴西北部马伦容州的拉克依斯马拉赫塞斯国家公园，占地面积 300 平方千米，公园内遍布雪白的沙丘和深蓝的湖水，堪称世界一绝。沙漠，蓝湖，它们是如何共存的呢？

拉克依斯马拉赫塞斯沙漠与众不同之处在于它的降雨量，虽然貌似沙漠，但这里年降雨量可达 1600 毫米，是撒哈拉沙漠降雨量的 300 倍。这些雨水注满了沙

※ 拉克依斯马拉赫塞斯

丘间的坑坑洼洼，形成清澈的蓝湖。干旱季节，湖水完全蒸发，毫无踪影，而雨季过后，湖中却出现各种各样的鱼类、龟和蚌类，它们悠闲地生活着，好像从来就没有离开过这里。关于这种景象，人们认为有两种说法：一种是，这些湖中生物的蛋或卵埋在沙子下面，雨季来了，就孵化而出；另一种说法是，"不辞辛苦"的鸟类将它们的蛋或是卵一趟趟地带到这里。

大量的降雨出现在每年的 7 月到 9 月，在这时候这片沙漠中将会"长出"数以千计的大大小小的池塘。这些池塘小的就像水塘，大的似湖泊。白色的沙，蓝色的水，让你觉得不是身处沙漠，而是置于海滩边。如果你喜欢游泳，这里漫山遍野都是游泳池。在一个拥有世界上 30％淡水资源和最大雨林的国家，我们竟然可以找到一处"沙漠"。

"拉克依斯马拉赫塞斯"，寓意是"马拉尼昂州的床单"。如果你乘飞

机从空中俯瞰，连绵的沙丘就像起风的下午晾起来风干的一块块白色亚麻布。

一座座半月形的沙丘都分布在位于巴西东北部热带海岸的马拉尼昂州。不论如何冠名，这里都是一片充满魔幻色彩的沙漠：一层层闪着微光的白色沙浪绵延铺展。雨水汇集成的蓝绿色池塘耀眼夺目，银光闪闪的鱼群游来

※ 拉克依斯马拉赫塞斯国家公园

游去，牧羊人赶着羊群翻越高耸的沙丘，渔夫出海打渔，天空繁星和沉船残骸中的幽灵为他们指路。仍然被雨水浸渍的土地上，一条河流掺杂着来自附近森林中的单宁酸，在沙地上绘出大理石般的纹路。

为保护这座奇绝的生态系统。三十年前，巴西在这里建立了面积为1550平方千米的国家公园，巴哈马群岛海域如海市蜃楼般突然间出现在撒哈拉沙漠中央。也只有在这片沙漠中，海市蜃楼才能成为现实。

"拉克依斯在严格标准上讲并不属于沙漠，"马拉尼昂州联邦大学地理学家安东尼奥·科代罗·费托萨如是说。按照定义，年平均降雨量25厘米以下的才叫沙漠。而这片地区年降雨量大约120厘米，是水造就了这片沙景。它附近的两条河流—巴纳伊巴河和普雷吉萨斯河把内陆的泥沙携带至大西洋，其中大部分沉淀物都堆积在了园区70千米长的海岸线上。旱季来临的时候，特别是在10月和11月间，强劲的东北风把泥沙吹到远至内陆48千米的地方。眼睛所能看到的地方，到处雕塑起高度达39米的半月形沙丘。在某些区域内，沙丘每年可向前推进20厘米，科代罗目睹了拉克依斯马拉赫塞斯永无休止的变迁。

◎令人流连忘返的美景

清晨，渔民用自行车载着自己捕到的鱼外出，用售卖后换得的钱买回生活用品。车轮下的沙地在夜雨后变得坚硬，如波涛般沿车辙铺展。一天左右的时间内，沙丘就会变干，在风力作用下重新变换形态。

每年1月到6月的雨水填满沙丘间的山谷后，就会产生新的泻湖。这些短时间存在的水体，有的可达90多米长、近3米深。7月初是泻湖水量最丰的时候，内格罗河等河流穿过沙丘时，便把这些泻湖连接起来。于是，鱼儿得以沿水流迁徙至泻湖，以那里其他的鱼类或沙中的昆虫幼体为

食。少数几种鱼类，比如南美牙鱼，会在旱季钻入泥浆冬眠，待到雨季来临再重新出现。一旦雨季结束，泻湖便开始在赤道炽烈的热浪中蒸发，水面下降的速度可达每月1米。

当然，这里除有鱼类和昆虫外，还有人类在沙丘周边村庄里生活。男女老少近百人，定居在沙丘中的两座绿洲——凯马达多斯布里托斯和大拜沙中，住在棕榈叶为房顶的土屋中。他们随沙丘的变幻，随季节改变生活轨迹。旱季时，人们养鸡与牛羊，种植木薯、大豆和腰果，并从园区的耀目沙地沿巴西东北海岸线铺展约70千米，从沙丘附近的海滨旱化森林中采集毛瑞榈和巴西棕榈的纤维。雨季来临时，难以种植作物，于是沙洲居民前往海边，住在海滩上的渔棚里。他们把腌制和风干的大西洋大海鲢卖给商贩，再由商贩运到城里去卖。

从2002年，马拉尼昂州首府圣路易斯与迅速崛起的城镇巴雷里尼亚斯（该镇利用其处于国家公园入口的位置进行发展）之间修建了高速路时起，那里的旅游业开始扩张并得到飞速发展。如今每年造访公园的游客多达6万，人们开着各种越野车在沙丘上兜风。难怪外人想要造访这片巴西最大海岸沙丘地带中的世外奇景，

※ 棕榈

因为即便是那些对此地最熟悉的人，也会为其不断变换的美妙景观感叹不已。

知识链接

拉克依斯马拉赫塞斯沙漠位于巴西马拉尼奥州境内的北部海滨地区，1981年巴西政府在这里建立了国家公园，占地约300平方千米（155万公顷）。拉克依斯马拉赫塞斯是由众多白色的沙丘和深蓝色的咸水湖共同组成，其美丽的景色也是世界上独一无二的。

拓展思考

　　1. 拉克依斯马拉赫塞斯沙漠位于哪里？其地理特点是什么？

　　2. 拉克依斯马拉赫塞斯沙漠是不是真正意义上的沙漠？

　　3. 你认为在拉克依斯马拉赫塞斯沙漠中最值得一看的景观是什么？

乌尤尼沙漠

Wu You Ni Sha Mo

乌尤尼号称世界第一大盐湖。据说，这里的盐层很多地方都超过 10 米厚，总储量约 650 亿吨，够全世界人吃几千年。

◎史前巨湖"残留"的风景

乌尤尼沙漠位于玻利维亚西南部的高原地区，是世界上最大的盐湖沙漠，也是玻利维亚的代表性风景区，它处在高原之中，沙漠广阔且近乎平坦，与天空浑然一体。东西长 250 千米，南北最宽处 150 千米，总面积 1.2 万平方千米，是世界上最大的盐湖。因此，盐是玻利维亚的标志性景观。沙漠中，很多湖泊呈现出奇怪的颜色，这主要是由湖底沉积的各种矿物质作用形成的。

※ 乌尤尼沙漠

约四万年以前，这里曾是史前巨湖——明清湖的一部分，后来，湖水干涸，剩下两个大咸水湖：普波湖和乌鲁乌鲁湖，以及两大盐沙漠，乌尤尼盐原与科伊帕萨盐原，其中乌尤尼沙漠较大。后者是玻利维亚第二大盐沼，在奥鲁罗省和智利交界处，海拔 3680 米，面积 2218 平方千米。洛加河从西北注入，经拉卡哈维拉河与东面的波波湖相连。从面积上看，乌尤尼盐原是美国博纳维尔盐滩的 25 倍。据估计，这里的盐量达 100 亿吨，目前，每年的开采量不到 25000 吨。还贮有一亿吨锂，成为世界上锂储量最大的地区之一。

所谓近水楼台先得月，当地人是乌尤尼盐原的主要受益者，不过这里的生存条件也非常艰苦：在海拔高达 3700 米盐原上，一万多平方千米的湖区内无人居住，放眼望去到处光秃秃一片，几乎找不到任何可以辨别方向的参照物。

地球上的沙漠雨林

※ 乌鲁乌鲁湖一角

◎波利维尼亚的标志

　　锂是一种用于医药的矿物，也是用于手机、笔记本电脑、电动汽车等各种充电电池的重要金属。在世界已探明的锂储量中，玻利维亚占世界锂储量的一半之多。乌尤尼盐原锂储量丰富，引发国际能源公司的兴趣。玻利维亚希望，在电动车开始批量生产之时，这种金属能够激励绿色革命。在未来几

※ 玻利维亚盐沼泽

年，锂的需求有望激增，玻利维亚这个南美最贫穷的国家之一，坐拥某种可能比金矿更有价值的东西。

　　每年冬季，雨水把乌尤尼盐原注满，使其形成一个浅湖；而到了夏

季，湖水则会干涸，留下一层以盐为主的矿物硬壳，中部达6米厚。人们可以驾车驶越湖面。雨后，湖面像镜子一样，反射着好似不是地球上的美丽的令人窒息的天空景色，这就是人们传说中的"天空之镜"。

湛蓝的天与一望无际的洁白盐粒在天边交汇，让人感受到的是大自然的无比纯净。用"盐砖"盖"盐房"，是当地一道独有风景。利用旱季湖面结成的坚硬盐层，当地人把它加工成厚厚的"盐砖"盖"盐房"。盐房除屋顶和门窗外，墙壁和里面的摆设包括房内的床、桌、椅等家具都是用盐块做成的。

※ 乌尤尼盐原

来到这里，就能感受到乌尤尼盐湖扑面而来的、让人无法言说的美丽。由于天空晴朗，又缺少参照物，使得在这里拍出的相片极易产生视力错觉，因此深受人们的喜爱。

▶ 知识链接

卫星云图中的卡维尔大盐漠，好像是肆意渲染着广告颜料，以一种蒙太奇的手法展现了伊朗最大沙漠卡维尔沙漠的美丽风景。卡维尔沙漠又称大盐漠，"卡维尔"一词在波斯语中就是盐沼的意思。这个几乎杳无人烟的荒芜沙漠地区，因其昼夜温差极大，紫外线异常强烈，基本无人居住，它占地约为7.7万平方千米，由干涸的河床、沙漠高原、泥滩地和盐沼等地形组成。

拓展思考

1. 乌尤尼盐湖是怎么形成的？在那里有动植物生存吗？
2. 乌尤尼盐湖的盐可以直接用作食用盐吗？
3. 除盐外，乌尤尼盐湖还有没有其他矿产？

科罗拉多沙漠

Ke Luo La Duo Sha Mo

科罗拉多沙漠从加利福尼亚州东南部向东南延伸到墨西哥北部的科罗拉多河三角洲，属美国索诺兰沙漠的一部分。全长264千米，植被以沙漠灌木丛为主。在它西北和东部有移动沙丘，中部附近洼地有索尔顿湖。科切拉和因皮里尔谷地从该湖向西北和东南延伸，有灌溉区，物产丰富。境内有印第安人保护区、索尔顿湖、国家野生动物保护区和棕榈泉游览区。

※ 科罗拉多沙漠

◎旅游景点

自然资源往往是一些生物区的最佳景点。皮卡乔国家游憩区的亚利桑那州边境国家公园和娱乐部门，为游客提供船乘坐的科罗拉多河，乘船可以看到洄游鸬鹚、白鹈鹕和越冬秃头鹰等。

◎气候

科罗拉多沙漠的西部延伸至索诺兰沙漠覆盖南部亚利桑那州和墨西哥西北部。大部分土地位于海拔 300 米以下。这里山峰很少超过 900 米。生存环境主要包括沙质荒漠灌木，棕榈绿洲和沙漠洗。该地区夏季酷热干燥，冬天相对凉爽潮湿。科罗拉多河沿整个东部边界的科罗拉多沙漠生物区的道路流动，以尤马，亚利桑那州，在那里的两个国家和墨西哥连到一起。

※ 燕鸥

▶知识链接

　　在科罗拉多州沙漠中发现许多稀有的和濒临灭绝的物种，如加州范棕榈，华盛顿棕等。

　　该国的第二大国家公园是安扎—博雷戈沙漠州立公园，它与美国毗连，边缘的海岸山脉东部的圣地亚哥的索尔顿湖和南部几乎到墨西哥和美国边境，涵盖 5.0 万英亩（2400 平方千米）的土地。

拓展思考

科罗拉多沙漠的特点是什么？

莫哈维沙漠

Mo Ha Wei Sha Mo

莫哈维沙漠是以莫哈维人命名的，位于美国加利福尼亚东南部，地跨内华达州、亚利桑那州、犹他州等地。它的面积超过 65，000 平方千米，是美国最大的沙漠。它就像一条睡醒的龙，恣肆的蔓延了犹他州、内华达州南部及亚利桑那州西北部地区的四个洲。提到沙漠，大家想到的都是黄沙滚滚，寸草不生。然而，莫哈维沙漠既有山又有水，还有国家公园，如果赶上春天雨水丰沛的时候，漫山遍野都是灿烂的野花。莫哈维沙漠是典型的盆地地形，靠近大盆地。同时它也拥有典型的沙漠气候，昼夜温差极大，冬季严寒。

靠近大盆地沙漠和莫哈维沙漠未定界处的死谷（今有一座国家公园）是北美洲最低点。拥有典型山地和盆地地形，植物稀少，有石炭酸灌木、约书亚树和仙人掌。沙砾盆地的水流向中部，盐滩产硼砂、钾碱和盐。

当地人（包括一些寻求开发再生能源的公司）曾试图将莫哈维沙漠作

※ 莫哈维沙漠

为兴建太阳能发电厂的理想地方，可是这一建议遭到了环保人士的反对，他们认为，这些太阳能计划不仅会对该区乌龟族群造成重大危害，并且还将破坏整个莫哈维沙漠的生态系统。

爱德华空军基地位于美国莫哈维沙漠，是航天飞机发射场，同时在这里也上演过无数军事行动。美国航空航天局在此地设有一座侦测卫星基地，和其他地方的基地联合，成为远太空联络网。

银、钨、金和铁矿是莫哈维沙漠采矿业中重要的经济资源。莫哈维沙漠中的河流大部分为地下河，流向苏打湖。科罗拉多河和米德湖坐落于沙漠东部边缘地带。北部地区普遍放牧牛群，而西南紧邻洛杉矶部分则朝城市化和娱乐区发展。境内有军事设施和约书亚树国家纪念碑。主要城镇包括拉斯维加斯、兰开斯特、维克托维尔、莫哈维及巴斯托。

莫哈韦沙漠中设有一座飞机场，名为莫哈维机场。这个机场与其他机场不同之处在于，它是一个封存许多停用的民用飞机的机场，人们把它叫作飞机墓场。一位军官曾这样描述他记忆中的情景：他曾在驾车穿越莫哈韦沙漠时，看到远方出现上百架喷气式飞机的轮廓，但当他试图靠近它们时，似乎

※ 飞机墓场

又远在天边，像海市蜃楼一样遥不可及。后来他才知道，他所看见的是一个"飞机墓场"，停放在那里的飞机，有的只几个月，而有的则放了数年，就像一个墓场一样。那些被长期打入"冷宫"的废弃飞机，在现今这样一个发达的科技时代，即使是机器，也显得残破凋零，衰老破旧。

莫哈维人指的是生活于科罗拉多河下游莫哈维河谷地区的印第安农民。河谷是一个绿洲，周围是沙漠。每年洪水泛滥之后，大部谷地淤泥沉积，洪水一退，农民就开始在这里播种。除了耕种外，他们还有捕鱼狩猎、采集野生植物。他们的主要社会单位是家庭及父系氏族，有较集中的村庄，大多是分散的农舍。有耕地处，就有农舍。土地归垦植者所有。莫哈维人由一名世袭的部落首领掌管，他是天赐的领导人和顾问。莫哈维人具有强烈的民族意识，同心戮力，这种精神在战时体现尤其明显，这也因为他们的名誉主要建立在战争的勇武及战功的基础之上，全体体魄健全的男子都要参加作战。战斗中的人员分为弓弩手、棍棒手、打击手，战术因

循守旧。在宗教信仰方面，莫哈维人信奉一位最高造物主。至 20 世纪晚期，住在居留地内外的全部莫哈维人约为 650 名。

◎北美大荒漠

在北美洲的荒漠里有五个沙漠，都属于固定性沙漠。北美洲荒漠位于美国西南部和墨西哥西北部。美国西部有一系列南北走向的山脉，如海岸山脉、内华达山脉，它们对于西风有一定的屏障作用，这也是大盆地和莫哈维沙漠干旱的主因之一。美国西南部和墨西哥西北部的索诺若和奇瓦瓦沙漠，处于热带、亚热带、副热带高压区，是这两个沙漠气候形成的主因。冬季，北美大陆上有北美高压盘踞，在其控制下，沿高压中心顺时针吹向北太平洋阿留申低压，以偏东风吹过大盆地沙漠，以东北风吹过索诺若和奇瓦瓦沙漠，气候干旱。夏季，北美大陆为低压区，中心在索诺若沙漠附近，而夏威夷附近是北太平洋高压，由此形成来自海洋的偏西风，与西风带一起经过美国西部。由于西部山脉的雨影作用，盆地沙漠地区降水较少，但可以使沙漠维持固定。

▶ 知识链接

约书亚树由种子和地下茎发育而成，最高可达 15 米左右。它们生长缓慢，最初几年仅长到 10～20 厘米，随后每年增高 10 厘米。约书亚树的茎干由大量小纤维组成，根系较小，树冠较重，所以不是很稳固，且没有年轮。但它的寿命却很长，在严酷的沙漠环境中可以持续生活 200 年。

拓展思考

1. 莫哈维沙漠作为"飞机坟场"的原因是什么？
2. 为什么把莫哈维沙漠比作一条睡醒的龙？
3. 莫哈维沙漠中的动物是什么？

地球上的沙漠雨林

索诺兰沙漠

Suo Nuo Lan Sha Mo

因吉拉河而得名的吉拉沙漠，又叫索诺兰沙漠，还可音译为索诺拉沙漠。它位于美国和墨西哥交界处，包括美国亚利桑那州、加利福尼亚州和墨西哥索诺拉州的大片地区。它是北美洲的一个大沙漠，总面积约为 31 万平方千米，包括科罗拉多和尤马两个沙漠。由于纬度比莫哈韦沙漠低，也称为"低沙漠"。

※ 索诺兰沙漠

有 17 个美国土著民族生活在这片沙漠里。最大的城市美国亚利桑那州的菲尼克斯，位于亚利桑那州中部，是美国发展最快的都市区。第二大城市是亚利桑那州南部的图森。

索诺兰沙漠是北美地区最大、最热的沙漠之一，在炎热的夏季，这里的温度高达 43.3℃，曾被沙漠吟游诗人约翰·凡戴克称为"太阳之火的王国"。虽然在索诺拉沙漠也有一些黄沙漫漫的不毛之地，但由于它接近加利福尼亚海湾和太平洋，拥有冬季雨季（来自太平洋的暴风雨）和夏季雨季（孕育充分的夏季季风带来的降雨），每年的降水量达 120～300 毫米。独特的气候和双降雨模式，使这里成为仅有的生机盎然的沙漠。沙漠里有居民，有巨大的仙人掌类植物，有矮树丛和多种灌木。境内有许多印第安人保护区。在索诺拉沙漠的南部，冬天气温温和，多种植物和动物在这里休养生息。

◎沙漠中的生物

索诺兰沙漠是世界上最完整、最大的旱地生态系统之一。在这里生活着 60 种哺乳动物，350 种鸟，20 种两栖类物种，100 种以上爬行动物，

30 种当地鱼类，并有超过 2000 种当地的植物。它是世界上生物品种最多的沙漠。面对严苛的自然环境，生物体不需要苦撑生长，一样能够欣欣向荣。

同一般沙漠比，索诺兰沙漠的降雨量相对较多，年降雨量为 7.6～38 厘米，是世界上最潮湿的沙漠。很多植物在这样的环境下茂盛的生长。包括龙舌兰科植物、棕榈科植物、仙人掌科植物、豆科植物等。

索诺兰沙漠以美丽壮观的仙人掌而闻名于世。索诺拉沙漠有大约 300 多种仙人掌，北美巨人柱以其独特的"身高"和象征成为这些仙人掌中的佼佼者。索诺拉沙漠用它温暖的气候、充沛的降雨养育着巨人柱，成为巨人仙人掌天然的故乡。在这里满山遍野都长着北美洲巨人柱，有 30 多个品种，它们高达十几米，重达几吨，最多可活 200 多年，像勇敢的战士一样高高站立在索诺拉沙漠里，成为索诺拉沙漠的灵魂，也一直被视为美国亚利桑那州的象征。巨人柱不仅是孤寂的栖木，专供荒漠上的兀鹫停歇，也是一座座蓄水池，构成的仙人掌丛林形成独特的生态环境，滋养着丰沛的生命。

北美巨人柱这个名字是为了纪念美国企业家和慈善家安德鲁·卡耐基而起的。它是巨人柱中唯一的物种，也是世界最高的仙人掌品种之一，植株高大呈柱状，有分枝呈烛台状，具锐棱，刺座有褐色绵毛，有辐射刺，花喇叭形，开在茎顶附近的刺座上，浆果红色，果肉可食，素有"仙桃"之称。

桶形仙人掌也是索诺兰沙漠中著名的仙人掌，它身呈圆桶形，比人还"魁梧"些。开花时节其顶部会开出一圈黄绿色或红色的小花。对于住在沙漠中的美洲土著民来说，它是不可缺少的食物。他们将桶形仙人掌炖煮成像卷心菜似的食物，浆汁可以饮用，尖尖的刺可以做成鱼钩，果肉可以做成"仙人掌蜜饯"。桶形仙人掌大多生长在沙漠的洼地和斜坡上，沿着溪谷的岩壁上也会发现它们的身影。

除仙人掌外，许多小乔木也代表了索诺兰沙漠的特色，如小叶扁

※ 北美巨人柱

轴木、蓝花扁轴木和腺牧豆树；动物躲到这些小树下休息、消化食物，把富含种子的粪便排泄在树荫下，正好给幼年时期的仙人掌提供了必需的肥料。

蜥蜴、蛇和其他爬虫类是沙漠中最为常见的，沙漠蚱蜢有时多到破坏程度。它们主要靠植物的汁液和吞食动物以取得水分。沙漠中的鸟类也与昆虫类似，它们吞食昆虫和蜘蛛来获取水分，因而大多可以不靠水源，在沙漠中到处可见。啮齿类（包括小鼠、大鼠和松鼠）、兔子和蝙蝠是为数众多的哺乳动物，它们主要在夜间出来活动，白天高温时则躲在地底下，而且和鸟类、爬虫类一样，从食物中获取水分。在食物链上再往上一层的是诸如丛林狼、红猫、狐狸和北美臭鼬之类的食肉动物；沙漠中最大的哺乳动物是海拔较高处的大角羊。保护色是沙漠动物的一大特色。

索诺拉沙漠得天独厚的生态系统使其拥有多样化的动植物相，与其说这里是沙漠，倒不如说它是墨西哥南端相对干燥些的亚热带荆棘灌丛。

2001年1月17日，索诺兰沙漠中2008平方千米的区域被设立成索诺兰沙漠国家历史遗迹，这更好地保护了当地的资源。

作为只有几千年历史的索诺拉沙漠，从地质上说依旧年轻，所以它没有漫漫黄沙，在那里能看到的只是好像用碎石堆起来的山。同时，得益于索诺拉沙漠特殊的地理位置，这里依然有水，沙漠与大海相会。因此，索诺拉沙漠的美丽是浪漫的，是多姿多彩的，如果想感受这美，最好还是走近它，像好莱坞的导演一样，把它看作风水宝地。科幻影片《星门》的拍摄地就在这里。

▶知识链接

　　沙漠邮票：为保护索诺拉沙漠里特有的珍稀的动植物，美国于2000年发行"大自然系列"之一《索诺拉沙漠》邮票。共有十枚组成，其边饰和过桥均是采用索诺兰当地的风光和地貌。图案正面展示了索诺拉沙漠绚丽富饶的独特风采，列举了二十五种具有代表性的动植物的画面。在邮票的背面，是关于索诺拉沙漠的简介和物种名称。

拓展思考

1. 除巨人柱外，你还知道哪些著名的仙人掌品种？
2. 索诺兰沙漠与其他沙漠的不同之处在哪里？

奇瓦瓦沙漠

Qi Wa Wa Sha Mo

神话传说中的水晶洞，百年不腐，容颜依旧的干尸，世间稀有的洒脱美酒，还有多达上千个品种的仙人掌，这些只有在"揭迷"类电视节目中才能看到的神奇事物，走进奇瓦瓦沙漠，四种"神奇"让你大开眼界。

奇瓦瓦沙漠这个在世人眼里如它名字一样神秘的地方，位于墨西哥，东北部与

※ 奇瓦瓦沙漠里的水晶洞

美国接壤，面积245612平方千米，占墨西哥总体面积的12.6％，与英国相当。它是墨西哥面积最大的一个沙漠，也是北美洲最大的沙漠。奇瓦瓦沙漠的首府是奇瓦瓦市，它是一座四面环山的商业和加工业中心城市。奇瓦瓦州的最大城市是美墨边境地带的华雷斯市。

齐瓦瓦沙漠绝大部分在墨西哥境内，气候相当干燥，主要是因为位于其东、西两侧的马德雷山脉，阻隔了来自墨西哥湾和太平洋的潮湿气流，只有在夏季，一部分潮湿气流能闯过巨大的山脉，为奇瓦瓦带来充沛的季风雨。季风雨水、流经沙漠的河水、季节性河流、湖泊水，从地表下渗，慢慢积累形成丰富的沙漠地下水资源。

◎水晶洞

何为水晶洞？水晶洞是土壤或岩石里有了一个空洞的空间，有水会从缝隙里渗入，加上温度、压力、时间等条件适宜，就开始生长水晶，最后长成一个晶洞，其内部晶柱密集，向中央生长，彼此能量互相振动，有非常强大的凝聚作用。

墨西哥奇瓦瓦的奈卡矿，是一对兄弟在墨西哥奇瓦瓦沙漠中寻找铅和银时发现的。该洞以其独特的水晶闻名于世，是世界上最大的水晶洞穴。

它位于墨西哥奇瓦瓦沙漠地下深处，洞深达 300 多米，洞内岩壁十分潮湿，上面覆盖着如刀片一样锋利的一簇簇晶体。高均如松树，至少有 170 根发光方尖巨型石柱像缠绕在一起的光柱一样，散落在山洞周围，最大的一根长 11 米，直径相当于六个成年男子的身高。

水晶体形成于含有硫酸钙的地下水。由于水晶洞下面 1.6 千米处是岩浆，在岩浆的不断加热下，含有硫酸钙的地下水从数百万年前开始渗透整个洞穴，大约 60 万年前，地下岩浆开始冷却，矿物质开始从水中沉淀，历经数十万年的岁月洗礼，由矿物质形成的微小晶体变得越来越大，形成了现今的水晶体。

许多人根据水晶体看上去像冰柱，从而认为水晶洞内的温度可能会很低，但实际情况并非如此，且恰恰相反，在水晶洞中温度高达约 44℃，湿度更是达到了 90%～100%。这告诉人们，任何时候任何情况下，都不要轻易被表面现象所迷惑。

◎沙漠干尸

奇瓦瓦州与美国得克萨斯州接壤，华雷斯市又与美国城市埃尔帕索相连，这些地方一直是贩毒和有组织犯罪集团争夺的要地。2009 年 5 月 6 日～10 日期间，奇瓦瓦州警方在这里找到了 14 具被风化的干尸和头骨，其中有 7 具尸体被分藏在两个地下墓穴中，墓穴均呈长方形，相隔不过 60 厘米。经奇瓦瓦州首府奇瓦瓦市警方证实，当地发生多起暴力事件，可能牵扯当地犯罪组织火并。

▶ 知识链接

在过去 80 年里，数不清的好奇游客不远万里穿过奇瓦瓦沙漠，只为了看到墨西哥北部的一家婚纱店橱窗前的一尊栩栩如生的人体模特——帕斯卡拉小姐。奇瓦瓦城人说，她 75 年前就开始立在橱窗里，是个集神秘与奇迹于一身的传奇人物，好像影片中的"鬼娃新娘"一样。

来到奇瓦瓦沙漠，不能不尝当地有名的美酒——酒脱。酒脱酒是由只生长在墨西哥北部奇瓦瓦州高原沙漠中的植物酿制的，这种植物在山腰处成熟，历经 15 年的酷暑严冬，由它酿得的酒，佳美清醇、芳香浓郁，因其丰富的口感被人们青睐。

当初西班牙殖民者发现这种酒后后，引用当时欧洲的蒸馏技术，经过三重蒸馏使其更加纯净。在白橡木桶中陈藏两年，便可得到甘甜醇美的酒香和绝色柔美的独特风味。

◎仙人掌

仙人掌素有"沙漠英雄花"的美称，它虽外表坚硬带刺，内心却相当甜蜜，所以仙人掌的花语是：温暖、坚强、刚毅，以及得不到的爱。

※ 仙人掌

在墨西哥有一株仙人掌中，高达 17.69 米，重达 10 吨，是世界上最大的仙人掌。

全世界仙人掌共有两千多个品种，有一半左右产在墨西哥。因此，墨西哥又被称为"仙人掌王国"。千姿百态的仙人掌在恶劣环境中，在贫瘠的土壤里，在干旱的天气下，依然生机勃勃地生长，凌空直上，构成了墨西哥一道独特的风景。墨西哥将其视为国花。

关于仙人掌的传说：

据说，仙人掌曾是三角洲最美丽的花。被众花朵奉为花世界里的王子，他拥有五彩的花瓣，油绿的叶子，同时还有一颗善良的心。

一天，他在晒太阳时看见了一株因对自己长相不满而忧愁的纯黑色小花，在仙人掌看来，她虽花开黑色却依旧美丽。为使她拥有自信，仙人掌每天都来陪伴她，渐渐的仙人掌自己居然爱上了那朵小花。为使自己的爱人变得艳丽，仙人掌用尽了法术，耗光了力量，把她变成了一朵轻盈柔美的小白花！但是，仙人掌却永远失去了他耀眼的光辉。他为了她，放弃了自己的王位，变得又老又笨重又难看。但他却并不后悔。

直到一天，小白花对他说："你太难看了，我要离开你了。"仙人掌说："求你了，别走，我为了你……"小白花并没有为此挽留，只一阵风过就飞走了。仙人掌伤透了心，独自一人逆着风的方向走向了无垠的沙漠。

◎夸特罗－塞内格斯山谷

沙漠中的绿洲，一直是人们最为关注的话题，在夸特罗－塞内格斯山谷里，就有一片世界罕见的内陆沙漠沼泽，地下泉水在这里涌出地面，形成许多大大小小的绿洲。

夸特罗－塞内格斯山谷位于奇瓦瓦沙漠中，这里的地下水是因为季风雨水、流经沙漠的河水、季节性河流、湖泊水从地表下渗，慢慢积累形成。不同的地区地下水含量、水位也不同。这些地下水大都富含矿物质，几个世纪以来一直为人们所开发和利用。

在夸特罗—塞内格斯的沼泽中，星罗棋布的泉水湖，养育了几百种鱼类、贝类及爬行类动物，犹如一个个繁荣的水族乐园。夸特罗—塞内格斯的绿洲泉水湖，小的水量不足 100 加仑，最大的也不超过 0.7 立方米。但每一个角落都有鱼儿悠游的身影。与其他地区的沙漠物种一样，这里的鱼也极具"地方特色"，16 种鱼类中有 8 种是地球上绝无仅有的。

泉水湖孕育了绿洲，绿洲又为许多无法在沙漠生存的动植物带来了生机。除了鱼类，大量的水龟和其他不同寻常的"居民"在绿洲里安了家。在其他地区，科阿韦拉龟经过漫长的进化，已从水中移居陆上。而齐瓦瓦的科阿韦拉龟，大部分时间仍然在水中度过，以食取水草和小鱼类为生。这些水龟是一直保持着祖先的水下生活习惯？还是在沙漠出现绿洲后，又重新返回老家园的？至今仍是一个谜。

一泓清泉，繁荣了水上、水下两个世界，被牛尾草包围的泉水湖四周，是墨西哥野鸭及各种水鸟的家园。与泉水湖相连的涵沟，蜿蜒地穿过圣—马可斯盐碱沼泽，各种蛇、龟及鱼类在此繁衍生息。

奇瓦瓦沙漠的齐瓦瓦州历史悠久，有印第安人久居于此。奇瓦瓦州北部是中央高原，南部是马德雷山脉，气候多种多样，北部温和，东部干燥，南部半温暖，西部山区半湿润。平均气温最高为 28.1℃，最低为 10.9℃。

拓展思考

1. 奇瓦瓦沙漠有哪些地理特征？

2. 从仙人掌和关于仙人掌的传说故事中，你学到了什么？

3. 在奇瓦瓦沙漠"四奇"中你最喜欢哪一"奇"？

澳大利亚沙漠

Ao Da Li Ya Sha Mo

澳大利亚沙漠面积约 155 万平方千米，是澳大利亚最大的沙漠，也是世界第四大沙漠，沙漠分别由大沙沙漠、维多利亚沙漠、吉布森沙漠、辛普森沙漠四部分组成。位于澳大利亚的西南部。由于澳大利亚大陆轮廓线比较完整，没有大的海湾深入内陆，而大陆又是东西宽、南北窄，扩大了回归高压带控制的面积。西部印度洋沿岸盛吹离陆风，沿岸又有西澳大利亚寒流经过，有降温减湿作用。所以，澳大利亚沙漠面积特别广大，而且直达西海岸。

◎神奇的沙漠花园

澳大利亚是世界上唯一占有一个大陆的国家，它虽然四面环海，但气候却依然非常干燥。澳大利亚的四大沙漠，都分布在西部高原的中心地带，这里终年雨水稀少，异常干旱。类似荒漠和半荒漠的面积达到了 340 万平方千米，约占总面积的 44%，成为各大洲中干旱面积比例最大的一洲。夏季最高温度可达 50 摄氏度。因为没有高大树木的阻挡，狂风终日从这片沙漠上空咆哮而过。风是这里唯一的声音。澳大利亚沙漠异常干旱的原因是：澳大利亚沙漠中部，大部分地区终年受到副热带高气压控制，气流下沉不易降水。

无论是谁，刚到这个沙漠来都会以为这是一片毫无生气的死亡之地，但在 1973 年，澳大利亚一位名为夫兰纳里的植物学家在骑摩托车旅行时，发现这片沙漠中竟有大约 3600 多种植物繁荣地生长着。如果按单位面积计算，物种多样性要远远超过南美洲的热带雨林。因此发现者又把这里称为花园沙漠。

"芬克沙漠越野赛"是澳

※ 澳大利亚沙漠

大利亚传统赛事，比赛的起点为澳大利亚中部城镇埃力斯－斯普林斯，终点为埃普杜拉土著聚居区，全长 460 多千米。这项赛事不仅吸引了全澳大利亚的越野爱好者的参加，更吸引了世界许多国家媒体竞相采访报道。

◎ 神秘的巨石

每天凌晨 5 时，当熹微的晨光穿过遥远天际洒向大地时，安静的沙漠显得那么神秘。清晨来临，阳光慢慢从东方抛来明亮的光线，沙漠仿佛苏醒过来。一块被冠以神秘之名的巨石，由先前的赭红渐渐变成殷红、嫣红、直至金黄，其色泽让人目眩神迷。而当沙漠下起大雨，据说这块巨石将会变成黑色。这块神秘的巨石就是艾尔斯巨石，又叫艾尔斯岩。

艾尔斯岩是领略北领地神秘的首选地，它的神奇之处在于会随不同的时间、天气变幻出不同的颜色，号称"世界七大奇景"之一。艾尔斯这个地区的得名也是源于这石头。

艾尔斯岩是目前世界上最大的整块不可分割的巨石。相传距今已有 5 亿年的历史。它周长约 9 千米，海拔 867 米，距地面的高度为 348 米，长 3000 米。色泽赭红，光溜溜的表面在太阳下闪着无尽光芒，在空寂无物的广袤沙漠上突兀挺拔，直刺苍穹，既雄伟壮观又神秘莫测。澳大利亚土著人赋予了它艾尔斯岩腾的含义，因此被当地人誉为象征澳大利亚的心脏，更有人称它为"人类地球上的肚脐"。

艾尔斯巨石奇迹般地独自凸起在荒凉无垠的平坦荒漠之中，岩面上镌刻着无数平行的直线纹路，形状像两端略圆的长面包，如巨兽卧地，又如饱经风霜的老人，向人们诉说着它的神秘和威严。时至黄昏，骑着骆驼眺望落日余晖中的巨石成为许多游客趋之若鹜的项目。如今这里已辟为国家公园，每年有数十万人从世界各地纷纷慕名前来观赏巨石风采。

艾尔斯巨石由于自身含铁量高，表面铁因被氧化而发红，整体呈红色，所以又被称作红石。由于地壳运动，巨石所在的阿玛迪斯盆地向上推挤形成大片岩石，而大约到了 3 亿年前，又一次神奇的地壳运动将这座巨大的石山推出了海面。经过亿万年来的风雨沧桑，大片砂岩已被风化为沙砾，只有这块巨石凭着它特有的硬度抵抗住了风剥雨蚀，且整体没有裂缝和断隙，成为地貌学上所说的"蚀余石"。长期的风化侵蚀，使其顶部圆滑光亮，并在四周陡崖上形成了一些自上而下的宽窄不一的沟槽和浅坑。因此，每当暴雨倾盆，在巨石的各个侧面上飞瀑倾泻，蔚为壮观。

地质学家认为艾尔斯石变色的缘由与它的成分有关，艾尔斯石实际上是岩性坚硬、结构致密的石英砂岩，岩石表面的氧化物在一天阳光的不同角度照射下，就会不断地改变颜色。因此，艾尔斯石被称为"五彩独石山"，这又为它凭添了无限的神奇。雨中的艾尔斯石气象万千，暴雨狂飙的景象甚是壮观。待到风过雨停，石上又瀑布奔流、水汽迷蒙，向阳一面的几道若隐若现的彩虹，犹如头上的光环，显得温柔多姿。雨水在岩隙里形成了许多水坑，

※ 艾尔斯岩

流到地上的雨水，浇灌周围的蓝灰檀香木、红桉树、金合欢丛以及沙漠橡树、沙丘草等植物，使艾尔斯石周围突显勃勃生机。

知识链接

西方人称之为"艾尔斯石"巨岩，被土著人称为"乌卢鲁"，意思是"见面集会的地方"。它的得名可追溯到1873年，当时一位叫克里斯蒂·高斯的欧洲地质测量员到此勘探，意外地发现了这一世界奇迹，由于他来自南澳洲，故以当时南澳洲总理亨利·艾尔斯的名字命名这座石山。

拓展思考

1. 澳大利亚沙漠中的植物都有什么特点？
2. 你认为艾尔斯巨石的出处来源是什么？

吉布生沙漠

Ji Bu Sheng Sha Mo

吉布生沙漠因澳大利亚探险家吉布生而得名，是澳洲仅次于大沙沙漠、维多利亚大沙漠、塔纳米沙漠和辛普森沙漠的第五大沙漠。

◎光秃秃的石漠

吉布生沙漠位于大沙沙漠和维多利亚沙漠之间，西澳大利亚洲中央，默奇森金矿区以东，向东延伸到北部地区阿马迪厄斯湖，南为维多利亚大沙漠。覆盖面积约为 15.6 万平方千米。现为吉布生沙漠自然保护区，有许多沙漠动物。

吉布生沙漠名为沙漠，实际上很少有流沙和尘土，其组成部分主要为光秃、大片的石床，是真正意义上的石漠。地貌主要是起伏的砂砾层，在某些地区有红沙丘陵，成为干土粒平原。有些由岩石构成，有些则是由岛山从平坦的平原突起造成。沙漠周围分布着众多山脉和

※ 吉布生沙漠

高原。东部有两条东西走向的山脉，北为麦克唐奈山脉，南为马斯格雷夫山脉。南部群山的气候比北部寒冷潮湿，但是整体都像欧洲一样四季分明。

吉布生沙漠的红色主要来源于沙漠中含有的"特殊成分"。红色沙漠的形成是因为沙粒中含有铁质，而这些铁在暴露的空气中会氧化，变成红色，所以就有了这样的奇观。

◎沙漠植物

雨后的吉布生沙漠充满生机，沙漠植物接连结束它们短暂的生命周期。受环境限制，生长在这里的植物对自己非常苛刻，对水和养料的需求

更是少得可怜，几乎是别处植物的十分之一。同时，这里所有植物的叶子都不是绿色的，而是带有各种鲜艳的颜色。更奇特的是，这里的花朵都能分泌超乎想像的大量花蜜。

夫兰纳里对吉布生沙漠的植物做了 30 年的深入研究，终于发现植物花朵可分泌花蜜的奥秘：这里的土壤成分主要是没有养分的石英，只有对水分和营养需求极少的植物，才能生存；昆虫和鸟类在这里非常稀少，几乎没有潜在的授粉者。植物的生存繁衍主要靠传播花粉。在这种条件下，植物必须开出最大最艳丽的花朵，分泌最多的花蜜，才能吸引极少潜在的授粉者的注意。

◎失望湖

失望湖位于澳大利亚，在吉布生沙漠的最西端，它是一个被沙丘环绕的盐湖。由于是盐湖，所以吸引了大量的水鸟。早在1897 年，探险家来到此地根据四周小溪的流动，推断这里会有一个大湖，但让他们失望的是，这个湖盐分太高，不可能作为饮用水来使用，这对于渴望得到水源的地域是多么大的打击！也许是为了表达人们对水源的珍惜和渴求，也许是为了表达人们对知道结果后的心情，于是人们给它命名"失望湖"。

※ 失望湖

现在的失望湖是吉布生沙漠的自然保护区，这里季节气温有明显变化，降雨也极不稳定，多数来自偶然的雷雨。植被斑驳，在常见的三齿稃草旁边还有无脉金合欢（金合欢的一种），另有各色花朵，如黄松果菊，会在雨后冒出艳丽动人的景象。给无尽的沙漠平添一抹新意。

※ 松果菊

◎水资源——金伯利

水是人类赖以生存的资源，在缺水的沙漠地区更显珍贵。金伯利高原上的水就是如此。金伯利是上天赐给吉布生沙漠的生命之源，这里的水资源极为丰富，不但能满足南部珀斯的用水需要，甚至能解决澳大利亚全国的水资源短缺问题。

迫于水资源日益短缺的严峻形势，西澳大利亚州政府提出了"北水南调"的计划。

不过在金伯利高原调水谈何容易？凿河也好，铺管也罢，除了有相隔长达 3000 多千米的距离外，调水还要穿越环境恶劣的大沙沙漠和吉布森沙漠。这些地带常年干旱，蒸发量大，渗漏严重。如果真能让水流出高原进入珀斯，实可谓人类的又一创举。

吉布生沙漠同澳大利亚其他沙漠一样，也面临着沙尘暴的威胁。澳大利亚对此采取的防治措施同样适用。

▶ 知识链接

从气候变化研究来看，全球气候变暖、极端天气气候事件增多是不争的观测事实。在气候变化背景下，地球表面荒漠化的趋势明显。对于我国西南地区，荒漠化的表现则主要是"石漠化"。随着泥土、植被的不断减少，越来越多的石头裸露出来。所以石漠是指地表没有沉积物，主要由巨砾和裸露的基岩组成的地区。有两种基本类型：多石石漠，基岩裸露的山地，植被稀少，景色荒凉；多砾石漠，切割沉积层，并被一些基岩岩块所覆盖。

拓展思考

1. 吉布生沙漠之名因何而来？

2. 吉布生沙漠最大特点是什么？

3. 吉布生沙漠形成的原因与澳大利亚其他沙漠形成的原因是否相同？

大沙沙漠

Da Sha Sha Mo

澳大利亚西部的沙漠北带——大沙沙漠，大部分在西澳大利亚洲，是澳大利亚四大沙漠中最大的一部分。

◎地理位置

西澳大利亚洲北部为荒漠。西起印度洋岸，东至北部地方，北起庆伯利丘陵，南抵南回归线和吉布森沙漠，范围大致与甘宁盆地相同。这里到处都是沙垄和沙丘，沙垄的方向与盛行风向一致，连绵的沙垄可长达数十千米，高度可达 20～30 米。广袤荒漠上有大片盐沼地和沙丘。有 1600 千米长的牲口道从西南向东北穿经沙漠。沙漠周围分布着山脉和高原。在东部有两条东西走向的山脉，北有麦克唐奈山脉，南为马斯格雷夫山脉，都是东西走向。麦克唐奈山脉南北宽约 30～40 千米，东西长约 650 千米。

※ 大沙沙漠

这里为大陆最热最干燥地区之一，降水极少且不稳定。河流水量极小，多消失于沙漠中，为不毛之地。

大沙沙漠位于金伯利高原以南、皮尔巴拉地区以东、伸延至北部地方边界以东。面积约 41 万平方千米，大部为沙丘，仅中部有石漠。

◎澳大利亚西部气候

澳大利亚西部是大陆最热最干燥地区之一，降水极少且不稳定。河流水量极小，多消失于沙漠中，为不毛之地。造成澳大利亚本部干燥的原因主要在于：

（1）澳大利亚大陆地处热带和亚热带，降水从北、东、南三面沿海向内陆作半环状递减，植物带也相应呈半环状分布，由沿海的森林带向内陆逐渐过渡为草原带、沙漠带。

（2）西部沿海受副热带高压带控制和来自大陆的东南信风控制，加上西澳大利亚寒流的影响，造成干燥少雨。

这种气候形成主要原因是：

（1）南回归线横贯澳洲大陆中部，大部分地区终年受到副热带高气压控制，气流下沉不易降水。

（2）澳大利亚大陆轮廓比较完整，无大的海湾深入内陆，而且大陆又是东西宽、南北窄，扩大了回归高压带控制的面积。

（3）地形上，高大的山地（大分水岭）紧靠东部太平洋沿岸，缩小了东南信风和东澳大利亚暖流的影响范围，使多雨区局限于东部太平洋沿岸，而广大内陆和西部地区降水稀少。

（4）中部和西部地区，地势平坦，起不到抬升作用。西部印度洋沿岸盛吹离陆风，沿岸又有西澳大利亚寒流经过，有降温减湿作用，使澳大利亚沙漠面积特别广大，而且直达西海岸。

◎自然资源

大沙沙漠上空虽然干燥少雨，但地下却蕴藏着丰富的自然资源。

黄澄澄的沙在阳光的照耀下，闪着金光，像金子般明亮，也如同金子般珍贵。大沙沙漠中的金矿储量丰富，是世界主要产金国之一。铝土矿储量约 62 亿吨，居世界前列，主要分布在沙漠的达令山脉。煤田面积达55000 平方千米，煤的储量占全国煤储量的 15%。天然气储量 5500 多亿立方米。铀探明储量 30 万吨。石油储量约 2340 万吨，主要分布在南部，磷酸盐分布在西北部。黑煤和褐煤探明储量 656 亿吨，主要分布于大沙沙漠中部，铁矿石总储量 350 多亿吨，主要分布在沙漠西部的地区。铅、锌、铜多产于共生矿中。此外还有镍、锰、铌、钽、钒、铍、锆、钛、金红石等金属。

※ 天然牧场

澳大利亚的农作物主要以小麦为主，农业人口占全国人口的 6％。耕地面积占全国面积 2％，其中一半种植小麦，是世界主要小麦输出国之一。小麦种植区分布在东南部墨累河至达令河流域以及西南部地区，其次是大麦、燕麦。主要经济作物是棉花、甘蔗，其次是亚热带水果。

澳大利亚的主要牧业是牧羊，天然牧场占全国面积的 55％，与小麦分布区基本一致，有羊 17000 多万只，绵羊数居世界第二位，羊毛产量居首位。有牛 2600 多万头，主要贸易对象是美、日、英以及共同市场的一些国家。出口以农畜产品为主，约占出口总额的 7％，其中又以小麦、羊毛为最重要。其次是矿产品，约占出口总额的 4％。进口机器、石油、汽车、纸张、纺织品等。

澳大利亚沙漠内的经济活动很少，在西端有一些金矿和铜矿矿井以及一些养牛场。特尔弗小镇的金矿是澳大利亚矿井中最有名的，它同时也是澳大利亚最大的金矿之一。

◎ "热情" 的沙漠

这里的居民只有 25 万，每平方千米不到 0.4 人。偌大的面积空无一人，但是只要瘦瘠的植被能供养牲畜，或有可靠的水源，散落的人群便会在这世界上最艰苦的环境中和岌岌可危的生态环境下生存下去。已陆陆续续有的人在沙漠定居。

对外贸易可追溯到几千年以前，莫里西斯的铜在公元前 2000 年就找到其出路进入地中海的青铜器时代文明。游牧民的大迁徙方便了他们参与沙漠的贸易。

受沙漠范围内绿洲的限制，这里有限地种植一些海枣、石榴及其他果树；谷物诸如黍类、大麦、小麦；蔬菜及散沫花这种特殊作物。水源严重限制了绿洲的大片发展，有些地方水的过量使用已使水位明显下降。

因为澳大利亚是个移民国家，所以这里人的性格融合了东西方的特点，既有西方人的爽朗，又有东方人的矜持。土著居民以狩猎为生，"飞去来器"为独特的狩猎武器，盛行图腾崇拜。

※ 骆驼

◎防沙治沙

沙尘暴曾是澳大利亚最严重的自然灾害，给人们的生活生产造成了严重的负面影响。经过长时间的摸索和努力，政府和民间环保组织采取了不少治沙措施，效果显著。

首先，植树种草。

开展"绿色澳大利亚"运动。在街头巷尾的树下都铺上大快木屑或透气胶粒一类的东西，这样既不影响树

※ 沙尘暴

木对水分的吸收，风吹过也不会将浮土吹得到处都是。在建筑物与围墙之间的狭小地带，人们还精心种植花草，并在花草下铺上碎木屑，整个城市看上去就像花园一样。

澳大利亚还根据干旱程度对植物的限制作用的差异，种植了不同植物进行防沙治沙。对年降水量大于 500 毫米的海岸沙丘，他们先种草使流沙固定，然后种豆科等植物，最后种乔木和灌木。对于年降水量超过 250 毫米的内陆沙丘，则主要是种草。这些措施取得了非常明显的效果。

其次，牧场治沙。

严格实行轮牧制度，减轻草场的负担。大力推广圈养制度。科学搭配畜群数量和种类。除此之外，还推出"沙漠知识经济"战略。

从 20 世纪 90 年代起，澳北方地区推出了"沙漠知识经济"战略。治

沙治荒、保护环境成为推广沙漠知识经济战略的核心环节。地区政府一方面派出专家推广和传授治沙知识；另一方面制定了免税、发放补贴和长期无息贷款等优惠政策，鼓励公民在沙漠地区开办经营方向必须是生态农业的私人农场。

以上措施不仅体现了澳大利亚人民对防沙治沙做出的努力，更使这块昔日被称为大漠"红心脏"的澳大利亚北方地区，如今沿途沙地上都铺满了绿色植被，甚至还有较大面积的沙漠绿洲，沙漠农场也是瓜果飘香。

知识链接

小沙沙漠位于澳大利亚西澳大利亚洲，位于大沙沙漠以南，吉布森沙漠以西。因与大沙沙漠相邻、相似，但面积较小，从而得名"小沙沙漠"。它与大沙沙漠在地形地貌、动植物方面均十分相似。

拓展思考

1. 大沙沙漠中有哪些珍稀动植物？
2. 澳大利亚的四大沙漠分别是哪些？

地球上的沙漠雨林

卡拉哈里沙漠

Ka La Ha Li Sha Mo

卡拉哈里沙漠，也称喀拉哈里盆地，是非洲南部内地高原的一个大且如盆地般的平原。它位于非洲南部内陆干燥区，是非洲中南部的主要地形区，总面积约 63 万平方千米。几乎占据了博茨瓦纳全部、纳米比亚东部的 1/3 以及南非开普省极北的部分。在西南部与那米比即纳米比亚的海滨沙漠混为一体。

卡拉哈里沙漠南北最长处约 1600 千米，东西最大距离为 960 千米左右。北临恩加米湖，南界奥兰治河，东起东经 26°左右，西到大西洋沿岸附近。主要在博茨瓦纳、纳米比亚境内，部分属于安哥拉及南非共和国。

卡拉哈里沙漠在地貌上属非洲地台上的凹陷盆地，海拔 700～1000 米，四周被高 1500 米的山地和高地环绕。盆地内地势起伏不大，偶有孤立岛山出现。地面多干沟和细沙，盆地内有卡拉哈里沙丘，为全世界面积最大的沙丘区。

盆地的边缘有河川穿越，其起点都在盆地之外，东北部有宽多河及赞比西河的上游；西北部有库内列河以及盘踞南部低洼山谷的奥兰治河；中部有一条东西向的低矮分水岭，分盆地为南、北两部分；南部是莫洛波、诺索普河内流区，以荒漠、半荒漠为主，散布有沙丘和盐沼；北部多沼泽、湖泊和洼地，较大的沼泽有马卡迪卡迪盐沼、奥卡万戈沼泽、埃托沙盐沼等。

> **知识链接**
>
> 浅水湖或洼地是沙漠水系的最大特色，是极短溪流终点的"干湖"。从来没有水从卡拉哈里沙漠流入海洋，而是每条溪流将其流程结束在略低的凹坑里，这里是没有出口的。当小溪干涸时，由缓慢溪水带来的细小淤沙粒子与可溶钙矿物和由蒸发水所凝结的盐一起沉淀了下来。其结果是这些地面没有植被，干的时候呈闪闪发光的白色，可溶矿物的胶合活动使其变硬，有时则被浅浅一片不流动的水所覆盖。在含盐成分低的地方，下过雨后，洼地可能会覆满青草。

那里属热带干旱与半干旱气候，年平均气温在 21℃左右，年温差和日温差变化均较大，夏季（10 月至第二年 3 月）最高气温可达 47℃，冬季常出现冰冻现象。年降水量 150～450 毫米，降水自东北向西南递减，变化较大。除博泰蒂河外，无常流河。地面多古河床和干沟。

盆地的土壤一般为红色软沙土，它的有机物含量很低。从化学方面看，它们相对呈碱性，极为干燥。在盐沼地或附近，土壤趋向于含钙或含盐，大多数植被都有毒性。由于大部分土地都被一层深深的沙覆盖，极大地

※ 卡拉哈里沙漠

影响了那里植被的生长。浅根植物不能在一个多年生的基础上存活，虽然一年生植物在一场好雨之后生长得非常快，可以播下种子支持到下一个好雨季节。凡根深到能触到永久性湿润沙那一层的树能很好地生长。

※ 卡拉哈里沙漠

◎ 与撒哈拉沙漠的异同

它和撒哈拉沙漠中部气候相似，纬度相当，同样也受逆旋气压系统的影响，地面终年干燥，年降水量在125～250毫米之间。但它的气候植被与撒哈拉沙漠又不完全相同，因降水稍多而有一定植被覆盖。气候和植被

自西南向东北变化。西部为沙漠，高达 100 米的沙丘上生长着肉质植物与灌木。北部与东北部降雨较多，为热带干草原与热带稀树草原。沙漠在短暂的雨季中，植物繁盛，地面覆盖着丰富的草场。另外沙漠中还有一片浓密的矮树丛和高大的树林，以及多羚羊和其他热带动物。

卡拉哈里沙漠的整个西部以长长的沙丘链为其特色，其大致呈北或西北走向。沙丘至少长 1.6 千米，宽约数百米，高达 6～60 米。每一个沙丘同其邻丘都由一个宽而平行的凹坑分隔开来，凹坑被当地人称为"街"或"小路"，因为每一个凹坑都便于人行进。

◎沙漠里的动物

干旱的非洲卡拉哈里沙漠空旷辽远，却"养育"着多种动物。其中北部的动物比南部的种类更多。喀拉哈里沙漠北部养育着相当数量的长颈鹿、斑马、象、水牛和羚（马羚、貂羚和黑斑羚等）；肉食性动物诸如狮子、猎豹、豹、野猎犬和狐；其他大的或中等身材的哺乳动物有胡狼、鬣狗、疣猪；狒狒、獾、食蚁兽、熊、野兔和豪猪；以及无数的小啮齿类动物，几种类型的蛇和蜥蜴，还有大量的鸟。下面着重介绍从强到弱的七种主要食肉兽。

※ 卡拉哈里沙漠里的狮子

凭借个头、力气、凶猛、群居性和适应能力，狮子在所有食肉兽中无可匹敌。

斑鬣狗虽外貌像狗，却与狗没有直接血缘关系。虽然有着高傲而狰狞的面目，却和野狗一样在卡拉哈里数量并不多。

棕鬣狗对沙漠环境的适应能力极强，所以在卡拉哈里沙漠中一直保持着可观的数量。

豹子是孤独的潜随猎物者。

黑背胡狼是足智多谋的获食者。它个头较小，长相似狗，行动敏捷，在七种食肉兽中虽是最弱者，但凭它的足智多谋，常常可以智胜所有竞争者而获得丰盛的美餐。

南部主要的动物种类有跳羚、角马和麋羚，还有东非大羚羊、大角斑羚和许多非群居品种，诸如捻角羚、小岩羚和小羚羊等。

牛是卡拉哈里沙漠的经济基础。除了在博茨瓦纳的杭济区之外，放牧地均属国家所有，由当地政府委员会安排使用事宜。水井和水塘或属委员会所有，或属牛所有主的联合会或私人所有，牛全年只限在此附近牧养。

博茨瓦纳独立后不久就发现有金刚石大矿床，1971 年的开采标志着在喀拉哈里各处采矿活动的开始。

※ 长颈鹿

说斑图语的非洲人和说科伊桑语的桑人以及少数的欧洲人，是卡拉哈里沙漠主要的居民。19 世纪初，欧洲人以旅游者、传教士、象牙搜寻者和商人的身份初入喀拉哈里沙漠，居住在杭济区，1860 年以前，他们一直过着与世隔绝的贫穷生活。1890 年，那里的若干家庭获准经营牧场。自那时起，他们才能够拥有土地而改善生活状况。

拓展思考

1. 简单介绍一下卡拉哈里的交通运输情况。
2. 卡拉哈里有哪些矿产资源？

巴丹吉林沙漠

Ba Dan Ji Lin Sha Mo

一句"大漠孤烟直"，让人对印象中荒芜、死寂和苍茫的沙漠又有了新的认识。如果你有幸去沙漠，一见到从地上铺到天上、又从天上漫到无际无涯的黄沙，就会领会到它茫茫瀚海的雄浑与壮美。

到过巴丹吉林沙漠的人都称它为世界上最美的沙漠，它的美究竟在哪里？

巴丹吉林沙漠位于中国内蒙古自治区的西部，总面积4.7万平方千米。集合了沙漠的瑰丽，以其高、陡、险、俊著称于世，是世界第四大沙漠。2005年，被《中国国家地理》杂志评选为中国最美的沙漠，封号"上帝勾勒的曲线"。

巴丹吉林沙漠海拔高度在1200～1700米之间，沙山相对高度可达500多米，堪称"沙漠珠穆朗玛峰"。它北邻阿拉善右旗、北大山，西依雅布赖山、东临弱水、南向拐子湖，是中国的第三大沙漠。在它西北部还

※ 巴丹吉林沙漠

有1万多平方千米的地域尚无人类的足迹。

巴丹吉林沙漠属温带干旱和极干旱气候区，终年干旱少雨，蒸发量是降水量的40～80倍。夏季高温酷热，最高温度可达38℃～43℃，地表温度则更高，是内蒙古自治区光照最充足、太阳能资源最丰富的地区之一。冬、春季大风强劲，一年中大风天数可达60天之多，是内蒙古地区风能资源最丰富的地区。

※ 巴丹吉林沙漠中的湖

◎沙漠之水

巴丹吉林沙漠虽年降水量不足40毫米，但沙漠中的湖泊竟星罗棋布，达113个之多。其中，常年有水的湖泊达74个，淡水湖12个，总水面4.9万亩。在沙漠的西部和北部，还有两个较大的湖盆——古鲁乃湖和拐子湖。西部的古鲁乃湖为南北走向，长约180千米，宽10千米；北部的拐子湖东西走向，长约100千米，宽6千米，湖滨地带水分涵养较好。更神奇的是，该地湖泊严冬也不结冰。湖泊芦苇丛生，水鸟嬉戏，鱼翔浅底，享有"漠北江南"之美誉。

沙漠中还有多处泉水涌出，音德日图的泉水最为著名，该泉处于湖心，涌于石上，在不到3平方米的小岛上有108个泉眼，泉水甘冽爽口，水质极佳，被誉为"神泉"。

在这里，高大的沙山和晶莹的海子相映成趣，湖光沙色，令人心旷神怡，是游客放松身心的最好去处。同时，这里流传的许多美妙动人的传说，又为巴丹吉林沙漠增添了些许神秘之感，可满足游客的需要，进行多种形式和内容的旅游活动。巴丹吉林沙漠正以其特有的自然景观吸引着大量中外游客和专家学者。

▶ 知识链接

> 相传，在几百年前，一个叫巴丹的额鲁特蒙古族老人，放牧时误闯了大漠，迷失中发现了60个海子和海子边上水草丰美的牧场，"吉林"是蒙语60的意思，故名巴丹吉林。此后，额鲁特人世代生活在这世外桃源里。又一说是古代曾有一名叫巴岱的人在此居，故得此名。

◎沙漠生物

　　湖水用它美丽的颜色给巴丹吉林沙漠平添了几分生命的痕迹。在沙山之间分布有许多内陆小湖（俗称海子），这些湖的面积一般为1～1.5平方千米，最大深度可达6.2米。多为咸水，不能饮用。湖周围的植物生长茂密，多为湿生、盐生等类型，常以湖水为中心与周围沙丘呈同心圆状分布，接近沙丘的地段出现以沙生植物为主的固定、半固定沙堆。海子周围常为牧场及聚落所在。

※ 沙漠中的植物

　　吉林巴丹沙漠中的植物主要有：乔木、灌木和草本植物，它们除了给沙漠增添生机外，还有其他用途。如湖岸边的芦苇、芨芨草等植物可供造纸，梭梭、柠条、霸王、籽蒿、胡杨、骆驼刺是优良的防风固沙树种，也是沙漠中动物的食物。沙葱是美味的菜蔬，莎草、莎米的果实可做面粉的替代品，沙枣的果实含有大量淀粉，可供多种用途，沙棘、白刺的果实富含维生素，可提取果汁、酿酒等。在沙漠中还有多种药用植物，锁阳寄生在白刺身上，是珍贵的中药材，而肉苁蓉更有着"沙漠人参"的美称。

　　除植物外，沙漠中还生存着许多动物，它们早已习惯了那里的酷热、严寒和缺水，连身体的颜色也变得与沙漠相近，成为沙漠中另一道流动的风景。辽阔而神奇的巴丹吉林沙漠是野生动物的天堂，这里生活着狼、鹰、狐狸、沙蜥、大雁、野鸭和天鹅等几十种野生动物。

骆驼这个自古以来就被称为"沙漠之舟"的沙漠主角，在巴丹吉林，正逐渐被骡子这种新生的力量所取代。

走在巴丹吉林的沙漠里，你想象中的驼铃声并不会出现，迎面倒是偶尔能看到骑骡疾走的人。这又是为什么呢？

首先，骆驼因其自身的抗旱耐热性在长距离旅行或货物的运输一直占主导地位，近些年由于人们经济水平的提高，牧民家庭中都有车，而这些车在集体出行或者运输一些重物时用，以更快捷更方便优势取代了骆驼的位置，所以骆驼渐渐就无用武之地。

※ 驼铃声声

其次，作为使用频繁的短距离旅行工具，因为骡子比它吃得少，脚力好，走得快。所以比骆驼更具实用性，因此，骡子更受人们的欢迎。

这里矿产资源丰富，大量的硅、铝、铁、钙等是巴丹吉林沙漠的"特产"。这些丰富的动、植物和矿产资源使这片沙漠成为富庶的"聚宝盆"，有巨大的开发价值。

◎沙漠风光

巴丹吉林中心地带的沙山皆可随风而鸣，是世界上最大的鸣沙区，人走在沙漠中，会发出隆隆的响声，十分奇妙。宝日陶勒盖的鸣沙山高达200多米，峰峦陡峭，沙脊如刃，沙子下滑时的轰鸣声可响彻数千米，素有"世界鸣沙王国"的美称。

沙漠中连绵的沙丘呈现沧海巨浪、巍巍古塔之奇观，有奇峰之称。

庙海子的蒙语为苏敏吉林，意思是"有庙的海子"。庙海子是个神奇的湖，它的周围是沙山，湖水含盐量高，但却不曾枯竭，也不曾被风沙掩埋。湖中有淡水泉眼，还有一眼听经泉，这眼泉的奇特之处在于，每当寺庙颂经，泉水就会汩汩流出，诵经声一停，泉水也就戛然而止。

"沙漠故宫"庙海子是巴丹吉林沙漠的地标，是牧民心目中神圣的殿堂。

在巴丹吉林沙漠的海子边有一座藏传佛教寺庙，是阿拉善最古老最有名的历史人文景观之一。该庙建于1755年，建筑分上下两层，面积近300平方米。相传，寺庙的建设汇集了众多身怀绝技的能工巧匠，他们采用雅布赖山和天山的石头作为寺庙的基石和栋梁，修庙的一砖一瓦、一石一木都是靠人工运进的，这是沙漠中唯一从始建保存至今的寺庙。这座白墙金顶汉藏混合的建筑，背靠沙山，面朝湖水，庄严肃穆，幽静典雅，傍晚的夕阳映红了沙山，连同湖岸婆娑的柳树与古庙一起静静地倒映在水中，如梦似幻，所以人们又把它称作"沙漠故宫"。寺外还有一座白塔，在黄沙蓝水间显得格外抢眼。

在庙海子边居住着十几户牧民。以前这些牧民靠放牧为生，湖里的卤虫是他们的收入来源之一，据说卤虫含有丰富的蛋白质，是鱼、虾类幼体的最佳饲料，牧民称之为盐虫子，近几年为保护沙漠生态限制放牧，年轻人大多数外出谋生，年长者留守居住，政府补贴建房，在旅游季节接待游客食宿。现在，旅游收入是牧民的主要收入来源。

夜晚的沙漠，天幕低垂，明星满缀，浩瀚无垠；寂静的沙漠夜让人无端平复了狂躁心，疑似身在瑶池。

巴丹吉林沙漠至情至美的迷幻沙海，把细小沙砾柔软化为万丈丝绸，让沙山在脊骨的峰凌飘舞，将千百年来见证的故事蔓延于寂寞的广阔中。

拓展思考

1. 你认为"沙山"是如何形成的？

2. 根据以上内容，你认为巴丹吉林沙漠的"五绝"分别是什么？

3. 巴丹吉林沙漠是我国沙尘暴的水源，对此，你觉得该通过哪些途径进行治理？

乌兰布和沙漠

Wu Lan Bu He Sha Mo

乌兰布和沙漠位于内蒙古自治区西部的巴彦淖尔盟和阿拉善盟境内，总面积约 1 万平方千米，海拔在 1028～1054 米之间，是我国的主要沙漠之一。

位于内蒙古西部境内的乌兰布和沙漠是华西和西北的接合部，地处我国西北荒漠和半荒漠的前沿地带，地理区域在东经 106°09′～106°57′ 与北纬 39°16′～40°57′ 之间。它南到贺兰山北麓，北至狼山，东北与河套平原相邻，西北部以狼山为界，东近黄河，西至吉兰泰盐池，以阿拉善左旗的吉兰泰—图库木公路为界。南北最长达 170 千米，东西宽可达 110 千米。地势由南向西倾斜。

从地形上看，乌兰布和沙漠属于阿拉善高原的冲积平原，海拔 1050 米，在地质构造上属于被细沙、粘土状第四冲积物（湖积物）所覆盖的断

※ 乌兰布和沙漠

陷盆地，它的上层为冲积、淤积和风积物。多为高低不等的 3～10 米流动、半固定、固定沙丘、平缓沙地及丘间低地相互交错呈复区分布的地貌类型。

乌兰布和沙漠之所以有引黄灌溉的条件，是因为它的整个地势都低于黄河水面。引黄灌溉弥补了沙漠地区降雨少，蒸发大，干旱缺水的不利因素。加上此地地下水埋深浅多在 5～8 米，浅层水资源丰富，水质良好宜于灌溉，所以，适宜发展农牧业。内蒙古河套总局勘测资料显示，这里浅层承压、半承压水极为丰富，有 100 米含水层，总储量为 57 亿立方米，而且水质良好，是坚持排灌的优质水源。

由于终年受西风环流控制，乌兰布和沙漠气候属中温带典型的大陆性气候，终年盛行西南风，干燥少雨，昼夜温差大，季风强劲。降水稀少表现为：年平均降水量为 102.9 毫米，最大年降水量也不过 150.3 毫米，最小年水降水量为 33.3 毫米，年均蒸发量 2258.8 毫米。温差表现为：年均气温 7.8℃，绝对最高气温 39℃，绝对最低气温 -29.6℃。无霜期 168 天，光照 3181 小时，太阳辐射 150 千卡/平方厘米，但光热资源丰富。沙漠南部多为流沙分布，中部多垄岗形沙丘，北部多固定和半固定沙丘。

◎沙漠扩大

乌兰布和沙漠是由干旱、风、加上人们滥伐森林树木，破坏草原，令土地表面失去了植物的覆盖形成的。

乌海市林业局有关负责人称，近 40 年来，由于全球气候变暖和人为破坏的双重原因，乌兰布和沙漠东进南移的漫延速度非常惊人。有关资料显示，上世纪 60 年代初，乌兰布和沙漠的东部边缘距乌海尚且有近 30 千米的距离。而在此后不到 40 年里，沙漠的东部边缘已由黄河西岸的阿拉善盟扩展到黄河

※ 乌兰布和沙漠

东岸海勃湾区，侵蚀面积多达 100 平方千米，并且全部形成了新月型和半月型的流动沙丘，有的沙丘的相对高度竟达 50 多米。乌达区已经有接近

1/3 的土地被乌兰布和沙漠所吞没。据内蒙古自治区第三次荒漠化、沙化土地监测报告显示，乌海市的荒漠化、沙化面积占全市国土总面积的比例高达 80.12％。严重的荒漠化和沙化，导致了乌海自然生态环境更为恶劣，往往是沙尘天气，沙尘暴频发，乌海市已成为内蒙古自治区乃至中国沙化最为严重的城市之一。沙漠的迅速推进，严重影响着周边地区居民的日常生活。

▶ **知识链接**

植物地理成分不仅古老而且种类相当贫乏，以蒙古种、戈壁——蒙古种、戈壁种以及古地中海区系的荒漠成分占主导地位，据初步统计，乌兰布和沙漠境内共有种子植物 312 种，隶属 49 科 169 属，戈壁区系成分中一些地方性特有的单种属和寡种属的优势作用十分显著。灌木、半灌木占绝对优势。

◎沙漠的治理

　　1949 年后，乌兰布和沙漠开始被大规模治理，在磴口县二十里柳子至杭锦后旗太阳庙一线，营造了一条宽 300～400 米，长 175 千米的防风固沙林带，林带两侧 5 千米为封沙育草区，这条防风固沙林有效地控制了沙漠东移。除种树种草外，沙漠内还开辟了 20 余万亩耕地，由于日照丰富、湖池广布、又可以引黄河水自流灌溉，为农、牧、林、渔业的发展提供了良好条件。主要农作物有小麦、玉米、甜菜、葵花等。

※ 美丽的乌兰布和沙漠

　　乌兰布和沙漠毗邻阿拉善荒漠省，是极为重要的植物地理学分界线——亚洲中部荒漠区与草原区的分界线。这里的荒漠植被隶属亚非荒漠植物区。沙漠中的植物基本上都是由沙生、旱生、盐生类灌木和小灌木组成，这些植物对当地环境有极强的适应性和抗逆性。

　　早在上世纪 60 年代初，中国科学院组织的沙漠考察就曾在磴口设点，并组建巴盟治沙综合试验站，为后人更好地进行沙漠综合治理研究积累了大量可贵资料。

1979年，中国林科院沙漠林中心成立，一直致力于对乌兰布和沙漠东北部以林为主的区域生态治理与开发。沙漠林中心具有长期工作基础，设施完善，水电林渠路配套。

1982年起，三座气象站先后在绿洲外围荒漠区，绿洲边缘区，绿洲林网中心区建立，气象站的观测内容有气温、地温、风速、风向、湿度、大气降尘、太阳辐射等多个方面。这里的仪器配置按国家基层地面站规范执行，部分项目配备自动记录装置。目前有两个站一直连续工作，积累了大量的观测数据，建立了具有40多万观测数据的信息数据库。为建立荒漠生态信息数据库提供了便利。

2005年，巴彦淖尔市率先在乌兰布和沙漠推出冷藏苗避风造林新技术，造林时间从过去的4月份延长至9月份，变一季度造林为三季造林。先后又推广了柴草网格、高压水打孔植苗、深坑栽植、开沟栽植等20多项治沙先进技术，极大地提高了造林成活率。据当地林业局统计，在2005～2007年间，乌兰布和沙漠每年新增绿化面积10万亩。森林覆盖率由九十年代末的4.5％提高到现在的15.3％，治沙面积达到了120万亩，有效地改善了沙区生态环境。

作为防风固沙最好植被的梭梭林，在乌兰布和沙漠中同样被种植。沙漠梭梭林营造的最佳季节，也是沙漠肉苁蓉接种的黄金季节。

肉苁蓉，又叫大芸，是一种沙生寄生植物，也是名贵的中药材。被人们称为"沙漠人参"。2004年，在梭梭根部接种肉苁蓉的实验于磴口县获得成功。次年，磴口县又在红柳根部接种肉苁蓉实验成功。目前，磴口县梭梭、红柳接种肉苁蓉技术已从实验转向推广应用阶段。据相关人士介绍，一亩当年接种的肉苁蓉，次年可采肉苁蓉330千克。以现行市场价计算，每亩收入可达3300元左右。据悉，乌兰布和沙漠延伸巴彦淖尔市磴口县境内总面积达425万亩，占全县土地总面积的68.3％，特别有利于沙、草产业的发展。巨大的市场需求使开发和种植梭梭接种肉苁蓉的企业纷至沓来。为此，磴口县提出了大面积推广肉苁蓉产业，建设30万亩人工接种肉苁蓉基地的构想。

拓展思考

1. 从乌兰布和沙漠的治理中，你学到了什么？
2. 在乌兰布和沙漠地区发展农牧业的有利条件是什么？

库姆塔格沙漠

Ku Mu Ta Ge Sha Mo

库姆塔格，维吾尔语是"沙山"的意思。在中国西部有两个同叫"库姆塔格"的沙漠。它们分别是：鄯善库姆塔格沙漠、甘新库姆塔格沙漠。

鄯善库姆塔格沙漠，是塔克拉玛干沙漠的一个组成部分。它位于新疆鄯善老城南端与老城东环路南段相连，占地面积1880平方千米，是集大漠风光与江南秀色为一体的风景名胜区。全称为"鄯善县库姆塔格沙漠风景名胜区"。这里的沙漠主要组成元素不是沙丘，而是沙山。站在鄯善老城向南望去，金灿灿的大漠是那样的雄浑壮观、风光无限，它千百年来与沙漠绿洲默默对视、长相厮守，犹如一对忠诚的恋人，给人无尽遐想。

甘新库姆塔格沙漠位于甘肃西部和新疆东南部交界处，沙漠面积约2.2万平方千米。地理坐标为东经90°27′～94°48′，北纬39°00′～40°47′，大致位置北接阿奇克谷地－敦煌雅丹国家地质公园一线，南抵阿尔金山，

※ 库姆格拉沙漠

西以罗布泊大耳朵为界，东接敦煌鸣沙山和安南坝国家级保护区。

◎形成原因

　　库姆塔格沙漠形成的原因，主要是来自天山七角井风口和达坂城风口的狂风，沿途经过长风程，挟带着大量沙子，最后在库姆塔格地区相遇碰撞并沉积，形成"有沙山的沙漠"这一独特的景观。现今，库姆塔格沙漠已开辟成为集科研、探险、沙地运动、沙疗保健、大漠观光为一体的旅游风景区。

　　库姆塔格沙漠属中国西北干旱区，主体在新疆，另有47％的面积分布在甘肃境内。十余条地表重要径流曾穿过沙漠汇集于罗布泊洼地。由于该地主风方向及地形的缘故，沙漠发生危害的重点区域在甘肃境内。享誉世界的敦煌莫高石窟，长期以来受到由积沙、风蚀和粉尘等沙漠环境带来的危害，因此对敦煌莫高石窟的保护工作也变得越来越艰难。敦煌西湖自然保护区位于党河与疏勒河交汇处，地处库姆塔格沙漠前沿，是一个荒漠湿地生态系统类型的自然保护区，保护区总面积达 6600 平方千米。它不仅是区内重要的水源涵养区和调节区，也是大量珍稀鸟类和野生动物的栖息繁衍地。保护区内保护的植被在敦煌绿洲外围形成了一道绿色屏障，对保护区域生态环境和改善区域气候条

※ 一望无际的库姆塔格沙漠

件，特别是对保护世界文化遗产——敦煌莫高窟和沙漠奇观月牙泉发挥着至关重要的作用。

　　但由于风沙危害大，保护区的面积正在日渐缩小，湿地内部已开始出现沙漠化现象。研究库姆塔格沙漠的形成和变化过程对于敦煌生态景观和人文景观的保护有极其重要的现实意义。

　　巨厚的出露地层和地表沙丘的分布格局详尽记录了西北干旱区气候、水系及地理环境演化历史。揭秘这里地理、地质信息对西北干旱区形成和演化过程，对研究全球气候变化和青藏高原隆起的响应有着深远的科学价值和理论意义。

◎地貌特征

库姆塔格沙漠地貌呈多种类型。具有典型的雅丹、风棱石、风蚀坑等风蚀地貌。沙丘形状也是多种多样，分别有格状沙丘、新月形沙丘、蜂窝状沙丘、金字塔形沙丘、星状沙丘和线状沙丘等沙丘类型。同时这里还有被中国风沙地貌学的开拓者们称为"羽毛"状的沙丘。开拓者曾根据航片判断出这里有世界上独有的"羽毛"状沙丘。可是，近些年来，深入此地考察的现代学者关于"羽毛"状沙丘却有着非常激烈的争论，出现了三种不同的观点：一些研究者认为，"羽毛"状沙丘是不存在的，航片和遥感影像上黑白相间的条纹是由平坦地表上不同物质的返照率引起的，研究者们将它自行命名一种叫"耙状"的新沙丘；另一些研究者认为，"羽毛"状沙丘存在，它是一种变形的纵向沙丘。研究者们自行命名为"舌状"的新沙丘；还有一些研究者认为"羽毛"状沙丘不存在，它们只是不同空间尺度的两种沙丘。直到现今为止，库姆塔格沙漠"羽毛"状沙丘仍是一个未解之谜。

在沙漠腹地中还有季节河，沙漠南部多个沟道发现泉水出露，并在沙漠腹地发现季节性河流和尾闾湖。

◎沙漠生物

库姆塔格沙漠是国家一级保护动物——野生双峰驼冬春迁徙的主要通道和主要栖息地，目前该沙漠地带已设立了三个国家级保护区，它们分别是：新疆罗布泊野骆驼国家级自然保护区、甘肃安南坝野骆驼国家级自然保护区和甘肃敦煌西湖国家级自然保护区。

2007年10月，中国对库姆塔格沙漠进行了首次大规模、多学科综合科考，在这次科学考察中科学家们获得了四大新发现，分别是：两条大峡谷、抗旱植物"沙生柽柳"、40峰野生双峰驼和湖泊。科学家称，这些新发现对研究该沙漠具有重要意义。

科考队在库姆塔格大沙漠首次发现的两条大峡谷位于沙漠西南部。两条大峡谷相距十多千米，其中一条峡谷长约80多千米。峡谷内怪石嶙峋，清泉潺潺流淌，风景奇特。专家们认为在沙漠中存有如此完整、壮观的峡谷地貌，是中国八大沙漠里绝无仅有的，堪称自然界奇观。

"沙生柽柳"属抗旱植物，它在沙漠北部阿奇克谷地被科研人员发现，此地成为"沙生柽柳"新的分布区。这对研究抗旱植物、防止沙化具有十分重要意义。这次发现柽柳属少见种类"盐地柽柳"和"白花柽柳"。

野骆驼是科考队在库姆塔格沙漠北部及南部发现的，总计见到了近40峰野生双峰驼活动。

◎沙漠风景

　　鄯善县库姆塔格沙漠风景名胜区位于新疆鄯善老城南端的鄯善县库姆塔格沙漠风景名胜区，南缘便是唐代连通沙州（敦煌）和西州（吐鲁番）的古丝绸之路的另一通道——大海道。大海道是丝绸古道中最为神秘和艰辛的险途。至今那里还蒙着一层神秘的面纱，吸引了无数勇敢的中外探险者前来观光旅游。

　　鄯善县库姆塔格沙漠风景名胜区，风沙地貌、景观类型繁多齐全。沙漠地形地貌主要分有，沙窝地、蜂窝状沙地、平沙地、波状沙丘地、鱼鳞纹沙坡地、沙漠戈壁混合地等多种类型。

　　各种沙丘轮廓清晰、层次分明，丘脊线光滑流畅，沙坡迎风面柔似水，背风坡流沙如泻。站在沙漠深处中的沙山之巅，可静静地欣赏大漠日出的绚丽多姿，亲眼目睹夕阳染沙的多彩缤纷，令人不由地赞叹"大漠孤烟直，长河落日圆"的雄伟壮景。

※ 鄯善县库姆塔格沙漠风景名胜区

库姆塔格沙漠的沙疗是维吾尔族医学的重要组成部分，至今已有上千年的历史，其操作方法简单易行，以功效神奇独特著称于世。沙疗对治疗风湿和类风湿关节炎、腰酸背痛腿抽筋、风寒病、免疫力下降等多种疑难杂症，都具有神奇的疗效。

　　鄯善县曾是古丝绸之路要冲，西域文明在此留下了闪光的一页。从2004年8月起，鄯善县决定每年在库姆塔格沙漠举办一次国际沙雕艺术节，为吐鲁番葡萄节注入新的内涵。国际沙雕艺术节充分展示了鄯善县古老的历史文化和现代文明的辉煌业绩。充分挖掘和弘扬古丝路文化、通过艺术手段再现丝路文化的风采成为该沙雕艺术节的永恒主题。鄯善县抓住沙漠干旱少雨的特点，采用国际先进的技术，每年完成50～100件风格各异、大小相间的作品，沙雕作品划分出不同时代的主题文化区域，如丝路文化、民俗风情区、民间艺术区、火焰山文化区等，鄯善县通过努力，在库姆塔格沙漠建成一座中国乃至世界最大、保存时间最长的沙雕艺术作品陈列馆，同时，也将此地建设成为世界沙雕艺术家向往的沙雕艺术圣殿。该艺术节充分利用该地丰富的黄沙资源，同时也赋予广阔的沙漠现代文明的内涵。

| 拓展思考 |

1. 两个库姆塔格沙漠，相比较哪个更具旅游价值？
2. 你对"甘新库姆塔格沙漠"了解多少？
3. 两个库姆塔沙漠有何异同之处？

库布齐沙漠

Ku Bu Qi Sha Mo

库布齐沙漠总面积约 145 万公顷，位于鄂尔多斯高原脊线北部，内蒙古自治区伊克昭盟杭锦旗、达拉特旗和准格尔旗的部分地区也有分布。沙漠西、北、东三面均以黄河为界，地势南高北低，南部为构造台地，中部为风成沙丘，北部为河漫滩地。流动沙丘约占 61%，形态以沙丘链和格状沙丘为主。沙丘高 10～60 米，像一条黄龙横卧在鄂尔多斯高原北部，横跨内蒙古三旗。该沙漠是中国八大沙漠之一，由于它是距北京最近的沙漠，所以也是京城人谈之色变的沙尘暴的源头之一。

◎概况

库布齐沙漠属温带干旱、半干旱区，气温高且温差大，气候干燥，年大风天数为 25～35 天。东部雨量相对较多，西部地表水少，水源缺乏，仅有内流河沙日摩林河向西北消失于沙漠之中，但热量丰富。沙漠中东部

※ 美丽的库布齐沙漠风光

有发源于高原脊线北侧的季节性川沟十余条，沿岸土壤肥力较高；沙漠西部和北部因靠黄河，地下水位较高，水质较好，可供草木生长。

库布齐沙漠不同气候地区造就了不同的植物种类，这些植被多样分布且差异较大。沙漠东部为草原植被，主要植物种类为多年禾本植物。西部为荒漠草原植被，以半灌木植物为主。西北部为草原化荒漠植被，多年生禾本科植物占优势，伴有小半灌木百里香等，也有一定数量的达乌里胡枝子、阿尔泰紫菀等。北部河漫滩地碱生植物，以及在沙丘上生长的沙生植物居多，生长着大面积的盐生草甸和零星的白刺沙堆。在北部的黄河成阶地地区，多为泥沙淤积土壤，土质肥沃，水利条件较好，是黄河灌溉区的一部分，粮食产量较其他地区比颇高，素有"米粮川"之称。

库布齐沙漠东部地带性土壤为栗钙土，西部土壤则为棕钙土，西北部有部分灰漠土。河漫滩上，分布着不同程度的盐化浅色草甸土。由于干旱缺水，境内以流动、半流动沙丘为主。

沙生植被表现为：流动沙丘上很少有植物生长，仅在沙丘下部和丘间地生长有籽蒿、杨柴、木蓼、沙米、沙竹等；流沙上有沙拐枣。

半固定沙丘植物有：东部以油蒿、柠条、沙米、沙竹为主；西部以油蒿、柠条、霸王、沙冬青为主，伴生有刺蓬、虫实、沙米、沙竹等。

固沙丘植被有：东、西部以油蒿为建群种；东部还有冷蒿、阿尔泰紫菀、白草等，牛心朴子也有一定数量。

◎治理

由于库布齐沙漠地势较为平坦，沙漠多为河漫滩地和黄河阶地，所以这里宜于种植粮食作物和经济作物。对于中、西部条件较差地区，可用来植树造林、封沙种草，发展小畜牧业。沙漠的北部和东西两端紧靠黄河，水资源条件优越。一级阶地与河漫滩高差很小，有的地段黄河水位高出地面约 10 余米。近 50 年来，该区已建设成为内蒙古重点产粮基地之一，区内建黄河南干渠 250 千米，引黄灌溉。沙漠东部条件相对较好，目前主要用以防止流

※ 库布齐沙漠

沙南侵、北扩和东移，今后应发展为以林为主，采取乔、灌、草结合，以灌为主；带网结合以带为主；带间空地进行育草种草；对半固定沙地，可采取飞播牧草，缩小沙丘流动范围。畜牧业生产以小畜为主，严格控制牲畜数量，对天然草场的做好相应的保护，提高草地的产量和质量。把固沙育林、种植及提高植被覆盖率，作为该地区长期的发展方向和建设途径。至于南缘北坡产生径流地区，要进行全面合理的安排利用，引水入沙，治理沙漠，开沟引水穿越沙带进入北部开阔平原区。对沟川水资源的利用，要采取上游注意水土保持、中游拦蓄分洪、下游分洪引洪灌溉等措施。

◎库布齐沙漠的成因

库布齐沙漠地处黄河南岸，往北是阴山西段狼山地区。沙漠来源可能有以下三点：

1. 沙源来自古代黄河、狼山前洪积物，就地起沙。基于库布齐沙漠的沙丘几乎全部是覆盖在第四纪河流淤积物上，自古代黄河冲积物的可能会更大些。沙源为这里形成沙漠准备了物质基础。

2. 气候变化。自商代后期至战国，此地气候干冷多风，使沙源裸露，风又为沙源提供了动力条件。可以说，库布齐沙漠应是在此期间形成的。这一时期古文化遗址和遗物的罕见，也充分说明了这个时期的生态环境相当恶劣。

3. 人为因素。库布齐沙漠地区虽然在白泥窑文化、庙子沟文化期遗址较少，但到了阿善文化及其之后的永兴店文化，大口二期文化和朱开沟文化期，遗址却是发现很多，由此反映了这个时期该地人口也有一定数量，它对于库布齐沙漠的形成，起到推波助澜的作用。

综上所述认为，库布齐沙漠的形成，自然因素占主导地位，社会因素起到了辅佐的作用，在一定程度上促进或延缓了沙漠的形成。

▶知识链接

　荒漠的形成，主要取决于自然与社会两方面的因素：自然因素主要由气候、地质、地貌三个因素作用；社会因素，主要是人为活动破坏草原和森林植被导致平衡失调。

◎沙漠利用

沙漠在破坏人类生存环境的同时，也给人类带来了诸多可供开发利用的宝贵资源，且不说沙漠底下的石油、天然气和其他矿藏等这些真宝贝，就连沙漠里取之不尽、用之不竭并且害得人类好惨的大风，都是沙漠中的宝。至于库布齐沙漠里日日曝晒的强光，更是宝。还有太阳能等这些天气气象资源，它们也都是无价之宝。所以，完全可以称沙漠浑身都是宝。

※ 沙漠之宝

充足的太阳能是库布齐漠中的主要能源之一。我国在太阳能研究中取得了巨大的成功。目前，太阳能在民用取暖、热水供应和农产品生产应用等方面已十分普及，居民住所中都配置有太阳能供热装置。全国居民生活所用的热水、取暖、照明等大都通过太阳能解决。太阳能在农业生产中也起了关键作用，农业生产力中太阳能成为温室气温调节、灌溉系统和科研观测系统的主要动力，同时还用于农业土壤消毒和病虫害控制中。现今科研人员正在开发太阳能发电，已取得了初步成效。通过太阳能的成功开发来解决荒漠开发，特别是荒漠高技术的农业生产对能源的巨大需求。通过对荒漠地区太阳能充足这一优势的充分发挥，以进一步推进荒漠开发的深度和广度，成为未来能源发展的目标之一。

中国荒漠地区全年平均每平方米的太阳能达 10.62 万千瓦，多数地方全年日照时数都长达三千小时以上，每天平均都超过八小时。如利用 1 平方米的太阳能，全年所获得的热能就相当于烧掉 3 万吨标准煤，累计开发达 1 平方千米面积，则要获得相当于 3823.2 万吨标准煤燃烧发出的热量，比现今已查明的全国水力资源蕴藏能量还要大 156 倍。我国在甘肃敦煌和青海盆地防治荒漠化重点地区建有"太阳能利用"示范工程，规模各为500 户，主要是解决由于民用燃料缺乏所出现的乱樵滥砍引起的地表植被破坏。开发太阳能资源，保护和增加人工植被是一条既可行又经济的途径。

◎关于响沙

响沙，作为一种自然现象，到目前还未得出令人信服的科学解释。关于响沙的成因，一些科学工作者通过考察认为，由于这里气候过于干燥、阳光又长久照射，使沙粒带了静电。一遇外力，就会发出放电的声音。人们曾把这里的沙子搬移到其他地方，结果沙子就不会发声了。也有一些科学家分析，由于晴天阳光照射，水汽蒸发，河面上空可能会形成一道人眼看不到的蒸汽墙。这种"蒸汽墙"与月牙形的沙丘向阳坡正好构成一种天然的"共鸣箱"，产生出共鸣声响。

※ 神奇的响沙湾

至于到底哪一种才是沙响的真正谜底，至今仍在进一步的探索之中。

中国的响沙目前有三处：银肯响沙、宁夏中卫沙坡头响沙和甘肃敦煌响沙。这三处响沙，都处在内陆区，沙丘高大，沙丘前有水渗出或有流水途经，沙坡背风向阳。所以，响沙是沙丘处在特殊地理环境下出现的一种自然现象。

响沙湾，又称银肯响沙，位于我国内蒙古鄂尔多斯市达拉特旗中部，南距包头市区 50 千米。从呼和浩特到包头转包东高速即可抵达。著名的银肯响沙面积只有亩许大，面向茫茫大川，背依广阔大漠，处于背风坡，形似月牙。该处的沙子只要受到外界撞击，或脚踏、或以物碰打，都会发出雄浑而奇妙的"空—空"声。人走声起，人止声停。因此，响沙被人们风趣地称为"会唱歌的沙子"。但是，遇到阴天下雨或搬运沙子到异地，它就不会响了。

背靠大漠龙头库布齐沙漠，面临罕台大川的响沙湾，沙高 110 米，宽 200 米，坡度为 45 度。呈弯月状的巨大沙山回音壁缀在沙漠边缘，是一处珍稀、罕见、宝贵的自然旅游资源。在弯月沙山回音壁南约 2 千米处，有一个小面积的净水沙湖，终年不竭，是难得的"沙漠甘泉"。从沙湖向西约 3 千米处，有一高出沙漠的高地，海拔 1486 米，上面有著名的库布齐银肯敖包。

神秘的"响沙"现象吸引了无数中外游客纷至沓来。沙响妙音春如松涛轰鸣，夏似虫鸣蛙叫，秋比马嘶猿啼，冬则似雷鸣划破长空。

◎ 旅游资源

拥有罕见而神奇的响沙景观的响沙湾，融会了深厚的大漠文化和雄浑的蒙古底蕴，在这里你能体会到激情的沙漠活动和独特的民族风情。这里有世界第一条沙漠索道，中国最大的骆驼群，中国一流的蒙古民族艺术团，还有几十种惊险刺激独具沙漠旅游特色的活动项目。所有这一切都来自浩瀚的库布齐大漠风光。

置身大漠，你可以乘坐观光索道，鸟瞰滑沙与沙共舞的壮丽沙漠景观，也可以骑骆驼、乘沙漠冲浪车，玩儿沙漠滑翔伞和沙漠太空球，用最近的距离触摸、亲近沙漠。在大漠深处，独具特色的沙漠住宿体验，蜚声中外的鄂尔多斯婚礼表演，大型的沙漠歌舞晚会，让你美不胜收。大漠篝火晚会，能让你体验原生态火文化表演，领略蒙古族别样风情。具有悠久历史的"鄂尔多斯婚礼"，是蒙古族最有特色、最隆重的婚礼形式，它将蒙古风俗、礼仪、服饰、歌舞、音乐融于一体，寓情予舞，寓情予歌，充满吉祥、喜庆、热烈的气息，展示了民族文化的独特魅力。

每年九月，这里都会举行一年一度的"中国·鄂尔多斯响沙湾旅游节"，丰富多彩的活动有："沙漠文化服装大赛及服装展""蒙古民族服饰魅力秀""沙漠摄影大赛及摄影展"等多种文化活动及赛事。

响沙湾不仅是神秘的自然景观，更是一个充满欢乐的沙漠世界。1984年被内蒙古自治区辟为旅游景点，1991年被国家旅游局列为国线景点，2002年被国家旅游局评定为4A级旅游景区。

拓展思考

1. 去库布齐沙漠旅游，需要带哪些生活必需品？
2. 库布齐沙漠的好景奇观分别有哪些？
3. 库布齐沙漠中有哪些动植物？

地球上的沙漠雨林

毛乌素沙漠

Mao Wu Su Sha Mo

毛乌素，蒙古语的意思是"坏水"。毛乌素沙漠也称鄂尔多斯沙地。毛乌素沙漠位于内蒙古自治区鄂尔多斯（伊克昭盟）和陕西省榆林市之间，沙漠面积达 4.22 万平方千米，万里长城从东到西穿过沙漠南缘。这里降水较多，有利植物生长，原属畜牧业比较发达地区。

◎概况

　　毛乌素沙区年均气温为 6.0℃～8.5℃，1 月均温在－9.5℃～12℃之间，7 月均温在 22℃～24℃之间。年降水量较多，平均达 250～440 毫米，最大日降水量可达 100～200 毫米，雨水多集中在 7～9 月，占全年降水总量的 60％～75％，尤以 8 月最多。降水年际变化较大，多雨年为少雨年

※ 毛乌素沙漠

的 2～4 倍，常发生旱灾和涝灾，且旱多于涝。夏季常有暴雨降临，又多雹灾。

因处于几个自然地带的交接地段，毛乌素沙区的植被和土壤反映出过渡性特点。沙地东部属淡栗钙土干草原地带，年降水量达 400～440 毫米，流沙和半固定和固定沙丘分布广泛，西北部属棕钙土半荒漠地带，降水量为 250～300 毫米。除向西北过渡为棕钙土半荒漠地带外，向西南到盐池一带过渡为灰钙土半荒漠地带，向东南过渡为黄土高原暖温带灰褐土森林草原地带。

毛乌素沙地从东南到西北依次升高，海拔多在 1100～1300 米之间，西北部稍高些，达 1400～1500 米，个别地可达 1600 米左右。东南部河谷低至 950 米。毛乌素沙区主要处于鄂尔多斯高原与黄土高原之间的湖积冲积平原凹地上。出露于沙区外围和伸入沙区境内梁地，主要是白垩纪红色和灰色砂岩，岩层基本平行，梁地大部分顶面平坦。各种第四系沉积物均具明显沙性，松散沙层经风力搬运，形成易动流沙。

> **知识链接**
>
> 　　梁地，是类似于鞍部的代表形态，它的四周相对比较平坦，从等高线地图上来看，等高线的密度比较小。梁地通常出现在西北的一些高原上。沙漠戈壁也有分布，主要是比较坚硬的基岩难以被风力侵蚀而留下来的。

作为中国大沙区之一的毛乌素沙漠，地理坐标为北纬 37°27.5′～39°22.5′，东经 107°20′～111°30′。沙区包括内蒙古自治区的鄂尔多斯南部、陕西省榆林市的北部风沙区和宁夏回族自治区盐池县东北部，因陕北靖边县海则滩乡毛乌素村而得此名。最

※ 曾经的毛乌素塞外牧场

初理解的毛乌素范围是自定边孟家沙窝至靖边高家沟乡的连续沙带称小毛乌素沙带。后来，由于内蒙古鄂尔多斯（伊克昭盟）南部的沙地和陕北长城沿线的风沙带是连续分布在一起的，故此将鄂尔多斯高原东南部和陕北长城沿线的沙地统称为"毛乌素沙地"。

◎历史

公元5世纪时，毛乌素南部（今靖边县北）的白城子，曾是匈奴民族的政治和经济中心。那时河水澄清，草滩广大。后来，由于不合理开垦，植被遭到严重破坏，沙土面积不断扩大，到1949年，沿长城的靖边、榆林、神木一带流动沙丘密集成片，但其西北部仍以固定和半固定沙丘居多。自1959年以来，该地大力兴建防风林带，引水拉沙，引洪淤地，开展了改造沙漠的巨大工程。

古时候，毛乌素地区本是水草肥美，风光宜人，这些有利的自然条件使其成为很好的天然牧场。后来由于气候变迁和战乱，地面植被丧失殆尽，就地起沙，形成后来的沙漠（沙地）。这里曾流传着"榆林三迁"的故事。现在的榆林已是"塞上名城"。

最初在鄂旗、鄂托克前旗和乌审旗之间只有一小片原始沙漠（据考证，毛乌素沙漠最原始的沙漠只是处于现在沙地西部一小片）。整个鄂尔多斯高原的浅层地表都是由地质时期形成的沙砾物质组成，草皮一旦破坏，就成了沙漠。所以，自从早期人类过度游牧后，沙漠便不断漫延向四周扩散开来。在整个毛乌素沙漠形成过程中，神木—榆林—乌审旗之间的几千平方千米沙地应该是"玄孙"级。现今，府谷县西北部和准格尔旗羊市塔乡，还存有天然的杜松林和树龄千年的油松——它们是陕西和内蒙古交界的东段地区繁茂森林消失的见证者，也是沙漠南侵最后的坚守者。

在先秦和秦汉时，毛乌素地区曾经发展过农业，后来此地一直是游牧区，直到植被破坏，流沙不断扩大的唐初。一位当地研究者认为，毛乌素森林草原的破坏，起源于唐初"六胡国"昭武九姓在这里的滥牧。到两宋时期，毛乌素的沙漠化向东南拓展，明末到清初其推进速度就更快了。

※ 毛乌素沙漠

为长城城墙"扒沙"，在明朝中后期一直是一项国家大事。由于长城横穿毛乌素，扒沙费用浩大，使文武官员们愁容满面。如果不扒沙，又会引起极为严重的后果，17世纪中期，明朝灭亡，清朝不再使用长城，就此停止了扒沙行动。

◎治理沙漠

1949 年，沿长城的靖边、榆林、神木一带流动沙丘密集成片，开展了大规模的沙漠改造工程。

经过多年来的不懈努力，毛乌素沙漠已有 600 多万亩流沙"止步"生绿。特别是曾经饱受风沙侵害的陕北榆

※ 沙漠治理

林市，如今榆林城内，防沙林地将昔日肆虐的黄沙牢牢锁住，静静的榆溪河流过繁华的市区，两岸杨柳葱郁浩渺的红碱淖碧波荡漾，湖畔鸥鸟飞翔。被称为"塞上绿洲"。

榆林市市境内 860 万亩流沙有 600 多万亩得到固定、半固定，实现了地区性的荒漠化逆转。当地已在沙漠腹地营造起万亩以上成片林 165 处，建成了四条总长达 1500 千米的大型防护林带，造林保存面积 1629 万亩，林草覆盖率由先前的 0.9％提高到如今的 25％。每年沙尘天气也由上世纪 60 年代至 70 年代的 20 多天，减少到不足 10 天。

拓展思考

1. 你是否知道隐藏在黄土高原与毛乌素沙漠过渡带的"羚羊峡谷"？

2. 毛乌素沙漠中有哪些动物？

3. 在沙漠中是否有湖？

地球上的沙漠雨林

DIQIUSHANGDESHAMOYULIN

努比亚沙漠

Nu Bi Ya Sha Mo

非洲东北部苏丹东北角的努比亚沙漠，北邻埃及，东濒红海，西以尼罗河谷地与利比亚沙漠相隔，南又以尼罗河谷地为界。虽然是沙丘，沙漠中却以岩石居多，有许多干河谷散布其中，崎岖不平，它面向红海，自红海海岸缓缓向西倾斜气候干燥，年雨量不足 125 厘米。

努比亚沙漠属北非撒拉的一部分，这里地广人稀，居民以阿拉伯人为主，其次是柏柏尔人等。人们生活和农业生产区主要分布在尼罗河谷地和绿洲，部分也以游牧为主。20 世纪 50 年代以来，石油、天然气、铀、铁、锰、磷酸盐等矿产在沙漠中陆续被发现。随着矿产资源的大规模开采，该地区一些国家的经济面貌也随之发生了很大改变，如利比亚、阿尔及利亚已成为世界主要石油出产国，而尼日尔则成为著名产铀国。

※ 努比亚沙漠

沙漠中的固定植物，多限制在绿洲中，在有限的灌溉条件下，这里种植海枣、石榴及其他有限的几种果树，黍类、大麦、小麦、蔬菜等一些谷物类，及适宜此处生长的散沫花等特殊作物。由于水源不足的影响，绿洲的拓展得到了限制，在一些地方，水的过量使用已使水位严重下降，以茅利塔尼亚的阿德拉尔区绿洲为例，那里的情况即是如此。严重的蒸发造成土壤的盐化，土壤被侵蚀沙所埋，成为当地的又一种危害。如阿尔及利亚苏夫的绿洲就需不断用人工清除。散落这里的人群，在这最艰困的环境中和岌岌可危的生态环境中艰难地生活着。

◎沙漠中的动植物

就整体来说，沙漠中的植物是相对稀少的，在高地、绿洲洼地和干河床四周散布有成片的青草、灌木和树。含盐洼地中发现有盐土植物，俗称耐盐植物。在缺水的平原生长着某些耐热耐旱的青草、草本植物、小灌木和树等。在高地残遗木本中的植物有油橄榄、柏和玛树。另外，人们在高地和沙漠的其他地方还发现金合欢树、蒿属植物、埃及姜果棕、夹竹桃、海枣和百里香等木本植物。西海岸地带有盐土植物，如怪柳。

北部的残遗热带动物群有热带鲇和丽鱼类，发现于阿尔及利亚的比斯克拉和撒哈拉沙漠孤立绿洲；眼镜蛇和小鳄鱼仍生活在遥远的提贝斯提山脉的河流盆地中。哺乳类动物主要有沙鼠、跳鼠、开普野兔和荒漠刺猬等。

▶ 知识链接

虽然文化差异相当大，人们还是习惯将撒哈拉沙漠的人分为牧人、定居的农夫或专业人员。图阿雷格人以好战和狂热的独立性闻名，他们虽然是伊斯兰教徒，但保留女族长的组织，且图阿雷格妇女享有不同寻常的自由。西面的摩尔人集团原先拥有强有力的部落联盟。而提贝斯提及其南部边境的特达人主要是骆驼牧人，以独立性和吃苦耐劳而著称。

拓展思考

1. 努比亚沙漠与撒哈拉沙漠中生长的动植物是否相同？
2. 在努比亚沙漠中有无沙漠奇观？

地球上的沙漠雨林

地

球上的雨林

DIQIUSHANGDEYULIN

第三章

亚马逊热带雨林

Ya Ma Xun Re Dai Yu Lin

位于南美洲亚马逊盆地的亚马逊热带雨林，总面积 700 万平方千米，占据了世界雨林面积的一半，森林面积的 20％，是全球最大及物种最多的热带雨林。雨林横越了 8 个国家，分别是：巴西（占森林 60％面积）、哥伦比亚、秘鲁、委内瑞拉、厄瓜多尔、玻利维亚、圭亚那及苏里南。

世界第二长河亚马逊河位于南美洲，河流域面积达到 690 多万平方千米，相当于南美洲总面积的 40％，从北纬 5 度伸展到南纬 20 度，源头在安第斯山高原中，离太平洋只有很短的距离，经过秘鲁和巴西在赤道附近进入大西洋。

虽然长度不及第一长河，但亚马逊河的流量却是世界上最大的，比大河：尼罗河、密西西比河和长江的流量总和都要大，同时，亚马逊河的流域面积也是世界上最大的。每秒向大西洋排放的水量达到了 18 万 4 千立方米，相当于全世界所有河流向海洋排放的淡水总量的五分之一，海洋中

※ 亚马逊热带雨林

※ 亚马逊热带雨林景观

的水都不咸，150千米以外海水的含盐量都相当低。

亚马逊河的主河道宽1.5～12千米，从河口到内河有3700千米的航道，海船可以直接到达秘鲁的伊基托斯，小些的船可以继续航行780千米到达阿库阿尔角，再小的船还可以继续上行。

亚马逊河的源头流经秘鲁城市伊基托斯，是在秘鲁安第斯山区中一个海拔5597米、名为奈瓦多·米斯米的山峰中的一条小溪。距离秘鲁首都利马约160千米之远，在利马南部偏西。1971年，第一次认定为亚马逊河的源头，2001年正式确定。溪水先流入劳里喀恰湖，再进入阿普里马克河（阿普里马克河是乌卡亚利河的支流），再与马腊尼翁河汇合成亚马逊河主干流。

马腊尼翁河的支流瓦利亚加河以下，河流从安第斯山区进入冲积平原，从这里到秘鲁和巴西交界的雅瓦里河，约2400千米的距离，河岸比较低矮，两岸森林经常被水淹没，只会偶尔看到有几个小山包，至此，亚马逊河已经进入了亚马逊热带雨林中了。

◎生态资源

雨林的生物是多样化的，这里拥有250万种昆虫，上万种植物和大约2000种鸟类和哺乳动物，生活着全世界鸟类总数的五分之一，仅在巴西已发现约有9万6660至12万8843种无脊椎动物。曾有专家测算估计，雨林中每平方千米内大约有超过7万5千种的树木，15万种高等植物，还包括 9 万吨的植物生物量。

可以说，世界上最丰富最多样的生物资源都蕴藏在亚马逊热带雨林中。昆虫、植物、鸟类及其他生物种类多达数百万种，这中间许多生物，科学上至今尚无记载。繁茂的植物中生长着各类树种，包括香桃木、月桂类、棕榈、金合欢、黄檀木、巴西果及橡胶树等。桃花心木和亚马逊雪松是优质木材。这里的主要野生动物有美洲虎、海牛、貘、红鹿、水豚和许多啮齿动物，亦有多种猴类。如今，大约有 43 万 8 千种有经济及社会利益的植物发现于亚马逊雨林，还有更多的有待发现及分类。

正是这些多样的生物种类，使亚马逊雨林成为全世界最大的动物及植物生存环境，也使亚马逊热带雨林拥有"世界动植物王国"之称。

▶ 知识链接

亚马逊雨林的常绿森林中碳元素产量占全球陆地主要碳元素产量的 10% 及生态系统碳元素储存量的 10%，共计约为 1.1×1011 公吨碳元素。1975 年至 1996 年间，亚马逊雨林每年每 1 公顷面积估计积存 0.62 ± 0.37 吨碳元素。因火灾而对亚马逊雨林造成的去森林化，使巴西成为其中一个温室气体排放量最高的地方之一。巴西每年排放约 3 亿公吨的二氧化碳，其中 2 亿来自砍伐及焚烧亚马逊雨林。

┆ 拓展思考 ┆

1. 亚马逊雨林区有哪些特点？
2. 亚马逊雨林中有没有土著居民？
3. 面对亚马逊雨林被破坏，人类应该如何更好地保护它？

地球上的沙漠雨林

刚果盆地热带雨林

Gang Guo Pen Di Re Dai Yu Lin

刚果的国土面积约为 230 多万平方千米，其中 54％的国土被森林覆盖。盛产乌木、红木、灰木、花梨木、黄漆木等 25 种贵重木材。刚果盆地热带雨林地处非洲，它一半以上的面积位于中部非洲国家刚果境内。面积仅次于南美洲的亚马孙盆地热带雨林，有"地球第二肺"之称。

刚果属热带雨林气候，温度高且多降雨，年平均气温在 25℃～27℃之间，年降水量 1500～2000 毫米。热带雨林广布，有黑檀木、红木、乌木、花梨木等名贵树种。土壤以砖红壤、红壤为主。

走进刚果热带雨林，抬头望到的是遮天蔽日的树叶，低头又能看到古老的蕨类植物和苔藓相依相伴，放眼远眺又见一片植物的海洋。如果无人陪同，独自贸然进入热带雨林，恐怕十之八九要迷路。热带雨林是植物的宝库，刚果盆地热带雨林从上到下分多个层次。它们彼此套迭，互相映

※ 刚果盆地热带雨林

衬，参天的古树、缠绕的藤萝、繁茂的花草交织在一起，使雨林成为一座绿色的迷宫。世界植物总数的一半就生长在热带雨林里！与人类生活相关的橡胶、可可、咖啡、香蕉都来自热带雨林，供人们观赏用的巨大的王莲、叶片闻乐起舞的跳舞草、多彩斑斓的花叶植物变叶木、"吃"昆虫的猪笼草也是来自热带雨林。

据联合国粮农组织的调查显示，刚果盆地热带雨林的面积正在以每年3190平方千米的速度减少。很多国家的森林遭到破坏是人为的过度采伐造成的，但刚果却是个例外，那里雨林遭破坏的主要原因是战乱。欧盟驻刚果环境、森林专家菲利波·萨拉克说："在这个国家，持续的战乱造成数百万流民。他们无家可归，无处藏身，只好逃进森林地区，用火烧森林的办法开垦土地，种植农作物，这给森林生态造成很大压力。"

刚果东部被列入世界自然遗产的三大自然保护区，如今却因为战乱而伤痕累累，它们都因各种不同的人为因素遭到了大规模且相对严重的破坏。在南基伍省的卡胡兹·别卡自然保护区内，非法武装集团疯狂采挖当地的钽铌矿，导致那里的森林植被遭到严重破坏。在东方省的喀朗巴自然保护区中，各派武装人员盗猎大象等多种野生动物。1999年，这里还生活着25头左右的珍稀白犀牛，现今却只剩下5头。在北基伍省的维隆佳自然保护区，武装集团十几年如一日地在这里安营扎寨，混战不休，无数

※ 刚果盆地热带雨林中的动物

的难民也在这里寻找栖身之地。据不完全统计，仅 2004 年，在不到两个月的时间里，这里就有 15 平方千米的森林被破坏。

研究人员曾在刚果北部的热带雨林中发现 12.5 万头西部低地大猩猩。这种已被列为濒危物种的大猩猩，目前生存的个体数量预估约 5 万头。研究协会对发现这一"大猩猩家园"表示兴奋，但"由于埃博拉出血热等疾病及人类的捕杀，大猩猩面临着数量下降的危机。

▶知识链接

　　刚果盆地属热带湿润气候，这里拥有仅次于亚马孙河盆地的世界第二大热带雨林，汇聚了极为丰富的生物种类，包括 1 万多种植物和 400 多种哺乳动物，盛产各种名贵木材。雨林中高达 40 米的阔叶乔木终年常绿，花开不断，形成浓密连续的林冠。哺乳动物有大象、黑猩猩和大猩猩（濒危绝灭的动物之一）、长颈鹿、狮子和猎豹等，还有 1000 多种鸟、200 多种爬行动物。这里的大森林被称为地球上最大的物种基因库之一。同时，刚果盆地又有"中非宝石"之称。

　　刚果盆地属热带雨林气候，年平均气温在 25～27℃之间，降水量 1500～2000 毫米以上。刚果河里的许多支流都到盆地内汇进干流，使这里水系发达，水资源丰富。呈一片郁郁葱葱的热带森林之态，雨林中有多种珍贵树种和热带作物。盆地边缘矿产丰富，金刚石、铜、锗、钴、锡、铀、锰、钽的储量都居世界前列。因此，人们称刚果盆地为"中非宝石"。

| 拓展思考 |

1. 非洲热带雨林的气候特点是什么？

2. 该雨林带的珍贵动植物主要有哪些？

3. 面对如此严重的雨林破坏，你认为当地人民应采取哪些措施来保护雨林？

海南热带雨林

Hai Nan Re Dai Yu Lin

作为中国最大热带雨林区的海南岛，拥有独特的热带山地雨林和季雨林生态系统，这里生物多样性极其丰富，是中国热带植物的大观园和生物物种的基因库。

物种宝库中有各种古树名木、奇花异草和珍禽稀兽，其中绞杀现象、空中花篮、老茎生花、高板根、藤本攀附、根抱石是海南雨林的六大奇观。极富观赏价值的 I 类珍稀动物有海南坡鹿、梅花鹿、孔雀雉、云豹等；珍稀植物有见血封喉树，当年装修天安门、人民大会堂用的树种陆均松就能在这里找到。

这里不仅生物繁多，海南的热带雨林还是世上最大最好的负氧离子发生器，天然大氧吧，森林浴最理想最优良的生态场所。海南森林大气中富含负氧离子和植物芳香气，细菌含量极少，气候宜人且温暖舒适，一年中任何时候都是旅游的好时节，这里环境洁净幽雅，河流水质纯净，清冽甘

※ 海南

甜，特别适合人们休闲度假、保健养生、康复疗养。

海南作为健康岛有着不可忽视的原因，据专家分析在海南岛中，大面积热带雨林中松科树木产生大量植物杀菌素，这种杀菌素在一般的城市空气中单位体积只有几十个，而海南则有 400 万个，对净化空气起到了不可替代的作用。

海南热带雨林地区地形复杂多样，多样的地貌造就了形态万千的雨林景观。从散布岩石小山的低地平原，到溪流纵横的高原峡谷；从森林中静静的池水、奔腾的小溪、飞泻的瀑布，到参天的大树、缠绕的藤萝、繁茂的花草，这些景物相交相织组成一座座生动的绿色迷宫。

由于终年高温潮湿，热带雨林中的树木从林冠到林下分为多个层次，彼此套迭，互相映衬，在这里抬头不见蓝天，低头满眼苔藓，密不透风的林中潮湿闷热，脚下到处湿滑。走进热带雨林，让人觉得来到另一个世界。

热带雨林中的植物种类繁多，有很多独特现象是其他森林没有的。例如，有很多小型植物都附生在其他植物的枝、杆上，使它们看起来就像披上一层厚厚的绿衣，有的还开着各种艳丽的花朵，形成"树上生树""叶上长草"的奇妙景色；有的通过绞杀其他植物而使自己树立在雨林中；林

※　海南风光

下植物的叶子通常都有滴水叶尖，有的植物的叶子长得十分巨大。在雨林内，木质藤本植物到处可见，有的粗达 20～30 厘米，长可达 300 米，沿着树干、枝丫，从一棵树爬到另外一棵树，从树下爬到树顶，又从树顶倒挂下来，交错缠绕，好像一道道稠密的网。附生植物有藻类、苔藓、地衣、蕨类以及兰科植物，

▶ 知识链接

海南岛的特产：

椰子食品：椰子糖果、椰丝、椰花、椰子糖角、椰子糕、椰子酱等。

民族工艺品：牛角雕、藤器、海南红豆、木画、木雕、根雕系列产品。

金饰品和珠宝：条纹珠、金刚珠、佛珠、星月珠、琼珠、海水珍珠、天然水晶。

热带果脯及鲜果：菠萝蜜、番荔枝、番石榴、海南柚子、红毛丹、黄皮、糖棕、红椰、榴莲、马来葡萄、杨桃、腰果、山竹、蛋黄果、猴面包、西番莲、神秘果、橄榄、槟榔。

其他：咖啡、胡椒、牛肉干、鹿制品、海产干品、特色茶，珍珠粉。

| 拓展思考 |

1. 海南岛的气候特点？
2. 你去过海南吗？那里有哪些令你印象最为深刻的事物？

地球上的沙漠雨林

苏门答腊岛热带雨林

Su Men Da La Dao Re Dai Yu Lin

苏门答腊岛，东北隔马六甲海峡与马来半岛相望，西临印度洋，东临南海和爪哇岛东南与爪哇岛遥接，是世界第六大岛。

苏门答腊岛热带雨林占地面积250万公顷，包括古农列尤择、克尼西士巴拉及布基特巴里杉三个国家公园。这里是万种植物、200多种哺乳类动物及580种雀鸟的栖息之地。除此之外，还有众多的爬行类，两栖类动物，其中有15种哺乳类动物是印尼其他地方无法找到的，苏门答腊猩猩就是其中之一。雨林保存着苏门答腊岛独特及多元化的生态面貌，其生物地理印记亦见证着该岛的演化过程，是一个名副其实的生物宝库。

三个组成苏门答腊岛热带雨林的公园都坐落在武吉阵山，这里山脊耸立，热带雨林郁郁葱葱，具有丰富的生态环境和特殊的生物多样性和当地特有的物种"世界上最大的花卉和最高的花卉"，所以此地有"苏门答腊岛的安第斯"之称。优美的风景区的美丽景观同样比比皆是，有东南亚最

※ 苏门答腊岛热带雨林

高的湖泊、壮观的火山和冰川湖，以及众多的瀑布和洞穴。

远古时，苏门答腊岛大部分地区被热带森林覆盖着，这些森林曾是苏门答腊岛宝贵动植物的栖息之所。可惜由于保护不够，这些原始森林现今正面临被毁灭的危险，就连"保护区"也遭到砍伐。大片的雨林面积已经缩减。

东南亚非常重要的保护区中低地森林的生物多样性正在迅速消失，同样，保护区中山地森林鲜明的山地植被也有少量受到威胁。

伴随着人类在当地雨林中活动的增加，这里的生物资源也面临着越来越严重的威胁，苏门答腊岛特有的猩猩已经不到5000只。根据印尼野生动物保护基金会的统计，2001年，苏门答腊犀牛只剩下132头。苏门答腊的生态环境问题已经引起了人们的广泛关注。

※ 苏门答腊犀牛

▶ 知识链接

苏门答腊岛，这个处处充满绿色生机的岛屿。各类热带植物覆盖全境，交叠错落的山脉被原始森林淹没，平静的海面如明镜一般，周围被高大挺拔的椰树簇拥，无论是城市、乡村、田野、道路都浸润在绿色的海洋中。绿色的海洋和蔚蓝的天空构成一幅和谐美丽的风情画卷，成为苏门答腊亘古不变的亮丽景观，给旅游者留下了深刻印象。

拓展思考

1. 苏门答腊岛有哪些特点？
2. 你认为最好的保护苏门答腊岛热带雨林的办法是什么？

地球上的沙漠雨林

大西洋热带雨林保护区

Da Xi Yang Re Dai Yu Lin Bao Hu Qu

位于巴拉那州和圣保罗州的大西洋东南热带雨林保护区，包括巴西最好和最大的热带雨林类型，25 块保护区组成和展示了生物财富和热带雨林持续的进化历史。山上密林覆盖，山下是湿地、隔离的山脉和沙丘沿海岛屿。这一地区具有景色优美的自然环境。大西洋东南热带雨林保护区占地面积 169 万 1750 公顷，分为核心地区和缓冲地带，核心地区占地 46 万 8193 公顷，除了一小部分属个人外，其余均属联邦和州政府所有。

　　巴西东南热带雨林保护区最典型的地理特征是喀斯特地貌，深邃的河谷配上雄伟的山峰点缀其间，构成了一幅壮丽多彩的雨林风光。大西洋东南热带雨林保护区包含河口的泻湖，大量的沼泽地一直延伸到泻湖内的盐湖中。由海沙堆积而成的沙丘在海滩上排成一列，连绵不断。在陆地和海

※ 大西洋东南热带雨林保护区

洋之间有一些与海岸线平行的岛屿。雨林的小山上有一些河流和喷泉、瀑布，它们汇集一处，水势磅礴，蔚为壮观。

由第三纪火山喷发而成的大西洋东南热带雨林保护区是地球上最古老的底层，还有一些地区是由一系列石灰质山丘形成的岩溶地形。因为该地降雨丰富，空气湿度大，所以产生了众多的溶洞及钟乳石、石笋、石柱等。

大西洋东南热带雨林保护区的气候属亚热带湿润气候，该地区全年气候湿润，年平均降水量在1200～1500毫米之间，二月是全年最热的月份，平均温度22℃；七月是最冷的月份，平均温度18℃。在保护区内可以看到保存完好、种类繁多的濒危大西洋雨林物种。在其中一些地方，已发现450多种木本植物，比亚马逊河雨林的品种还多。保护区内的植被主要是高低不齐的大西洋雨林，这些葱郁浓密的森林掩映着河谷，偶尔一棵30米高的树木直上云霄，像冲破禁锢的挣脱者。植被种类因海拔高度的不同而尽显不同。过渡带森林的物种划分则与土壤层的厚度、肥沃程度和湿度有关。略低些的树木群一般生长在海拔80～900米间的雨林中，以樟科、桃金娘科、大戟科居多，棕榈树所处的地理海拔更低。在海拔900～1300米的地方，生长着一片7～8米高的相对较低的林木，代表树木是罗汉松。到海拔1300米以上，在更为潮湿的地带上是以泥炭藓种植物为主的草地。在雨林中，还处处可见真菌、色彩奇异的兰花和凤梨科植物。在石灰质土

※ 泻湖

壤中生长着众多本地特有的、生长期为半年的大西洋森林物种，在沿海岸，还有大面积的红树林和灌木丛带。

各种动物群在大西洋东南热带雨林保护区中也不少，该保护区是南美冠雕及前半身为黑色的冠雉的重要栖息地，其中美洲虎、虎猫、灌木狗、水獭及 20 多种蝙蝠和各种濒临灭绝的物种尤为引人注目，濒危物种受到当地政府的特别保护。黑面狮是这一地区最新发现的特有动物，哺乳动物有 120 多种，其数量之多在巴西首屈一指。

※ 棕榈树

大西洋东南热带雨林保护区的鸟类各异，有 350 种记载于册。本地的溶洞里繁衍着大量的微生物（以节肢动物为主）。

知识链接

大西洋东南热带雨林保护区是一个林区传统文化的中心，有些居民至今仍在使用班图语，并且保持着他们祖先的风俗。居民以农民为主，他们世代居住在这里，以农业和摘取森林果实为生。

这里同时也是研究历史最好的地区。在保护区中现已发掘出 50 多处考古地点，在其中一些考古点中还发现了贝壳、陶器以及石制工具。

拓展思考

1. 大西洋东南热带雨林保护区的气候特点？
2. 该保护区典型的地理特征？

西双版纳热带雨林谷

Xi Shuang Ban Na Re Dai Yu Lin Gu

被中国国务院批准建立的国家级自然保护区——西双版纳热带雨林，分勐养、勐仑、勐腊、尚勇、曼搞五大片。勐养保护小区在景洪县境内，占地面积140万亩，以保护热带雨林和南亚常绿栎木、竹林为主。勐仑保护区位于景洪至勐仑62千米处，景洪县基诺区和勐腊县勐仑区的接壤地带，占地面积10万亩，主要用以保护原始常绿阔叶林的自然面貌。腊勐保护区拥有100万亩的占地面积，主要保护热带雨林和常绿阔叶林的原始状态。勐腊县境内的尚勇保护区面积40万亩，主要负责对河谷热带雨林的保护。曼搞保护区在勐海县境内，面积10万亩，主要保护南亚热带常绿阔叶林，其中最著名的望天树和"空中走廊"，都出现在面积较小的勐仑保护区的版纳雨林谷。

在西双版纳的原始森林中蕴藏着丰富的生物宝藏，生物种类占全国生

※ 美丽的西双版纳

物总数 1/4 以上，珍禽异兽比比皆是，奇木异葩到处可见。

热带雨林中有针叶林和乔木林。它们妆点着热带雨林的每个角落，让雨林处处充满生机。雨林上层是刺破云端的参天古木；底层又落叶深厚，花草丛生；中层乔木、蔓藤盘根错节，缠绕不休，尽显特色与美丽。

◎植物

西双版纳热带雨林中有奇特的植物景观。

1. 特殊的环境造就了不同的生物结构，这里的植物结构是多层次的。最上层是树干高大的望天树、阿丁凤等，中层一般为高大笔直的乔木，主要有红光树等；中下层是乔木，有白颜树、团花树，高 20 多米；下层多生长着低矮灌木；最底层主要是各类杂草和苔藓。

2. 随处可见的"独树成林"。大榕树有着粗大的主干，它的树枝上又会长出次生根和支撑根，多时可达二三十根，看上去如同一片小树林，所以有"独树成林"之称。

3. 常见的奇树怪。歪叶榕又被称为植物"绞杀者"，这种树经常会从树干上长出像胳膊一样的枝条，这些枝条缠住其他树木，不停地向上攀

※ 西双版纳热带雨林谷

援，最后导致其他植物因缺少空气和阳光而死亡。密林中有一种人称"见血封喉"的箭毒木，它的毒汁涂在箭头上，一旦射中动物，动物就会因血液凝固而死亡。另外，还有经济价值较高的香味树、油棕树等。

◎动物

西双版纳热带雨林中也有很多珍贵奇特的动物，野象是最常见的，它是亚洲种，一般重3～4吨，以吞食野芭蕉、嫩树叶、竹叶为生，也吃水稻、包谷、瓜类等。它们活动范围广，常成群结队出没于热带雨林间。在傣家人的眼中，大象象征吉祥、威武和雄壮。西双版纳的许多传说都提及大象。

※ 野象

知识链接

西双版纳森林的珍奇动物还有懒猴、长臂猿等。懒猴属夜行动物，白天它们一般躲在树枝上或树洞里，一到夜间就出来活动，以昆虫和树上的果子为食。长臂猿有着超长的双臂，是一种与人类缘亲关系十分接近的高等猿猴，它们三五只组成一个小家庭。它们的长臂便于它们在树林中窜跳攀登，喉部有发达的音囊，能发出像人一样的呼唤声，所以又叫它"呼猿"。在西双版纳热带雨林谷密林中，还生活着许多珍禽异兽，如俗称"钟情鸟"的犀鸟、野牛、水鹿、竹鼠、原鸡等，它们的存在为热带雨林自然风光平添了无限魅力。

拓展思考

1. 西双版纳热带雨林谷有哪些奇特的自然景观？
2. 你知道西双版纳热带雨林谷中关于大象的传说吗？

澳大利亚热带雨林

Ao Da Li Ya Re Dai Yu Lin

澳大利亚热带雨林在北昆士兰热带海岸线绵延 500 多千米处，它们曾经覆盖整个澳洲大陆，是目前地球上现存最古老的雨林。面积约 90 万平方公顷，平均年降雨量在 1.2～3 米之间，其中 60％来自 12 月到 3 月的夏季。

是被国际公认为世界上最富有生态多样性的自然区之一。这些雨林中丰富多样的动植物令人称奇。

雨林是澳大利亚动植物在 4～15 亿年间生态演变过程的活化石，是世界遗产名录中的神奇雨林。它们横跨整个国家，覆盖每种气候类型。游历不同的地点，让你感受不一样的雨林风光。

※ 澳大利亚热带雨林

◎概况

　　凯恩斯属典型的热带雨林生长区，由于靠近赤道，凯恩斯拥有美丽的热带雨林，它地处澳洲最北端，属于热带地区，终年高温，雨量充沛。雨林里的植物有上千万年的生长历史，是目前地球上最古老的热带雨林动植物生态保护区，存活着许多在其他大陆已经绝种的珍奇动植物，像一部地球的生态进化史在人类面前展开。

　　从凯恩斯出海不远，有著名的大堡礁，也有保存很好的珊瑚礁，热带鱼更是随处可见。这里是亲近热带雨林最好的地方，整个城市四周密布着郁郁葱葱的热带雨林。穿梭其间，就像突然走进了侏罗纪时代，独特的地理人文环境充满了澳洲的热带风情。用雨林植物调制成的精油和薰香做个雨林SPA，感受千百年来澳洲原住民别有风味的生活体验。走在热带雨林中的土著民居所，徜徉于珊瑚礁及热带雨林周边，真是风景别致，美不胜收。

> **知识链接**
>
> 澳大利亚雨林公园：
> 1985年，被联合国教科文组织的世界遗产计划收录。
> 1986年，称作澳大利亚东海岸温带亚热带雨林公园，
> 1994年，扩展范围并改为现在的名称：澳大利亚东中部雨林保护区。
> 1986年，根据自然遗产的遴选标准N（I）（II）（IV）被列入《世界自然遗产名录》。

　　徒步穿越昆士兰，可以体验五种不同气候类型的雨林，其中列入世界遗产名录的湿热带雨林包括库兰达雨林和丹翠雨林——地球上最古老的雨林。

　　昆士兰的湿热地带是少有的几个满足所有4个世界自然遗产名录条件的地区之一，它展现了地球上生物进化历史过程的主要阶段，是一个突出表现正在进行的生态与生物进程的实例，包含最高级的自然现象，是最重要的保有自然生物多样性的生物栖息地。

　　岗得瓦纳雨林跨越新南威尔斯北部和昆士兰东南部50个独立的公园。这片广袤的地域，拥有全世界最大的亚热带雨林以及温带和冷温带雨林类型。分布在吉普斯兰、丹顿农、亚拉和奥特威山脉的维多利亚州的冷温带雨林，这里可以领略凉爽的香桃木山毛榉、苔藓覆盖的黑木和树蕨等风景。

地球上的沙漠雨林

片片季风雨林零星点缀在被列入世界遗产名录的卡卡杜国家公园（Kakadu National Park）南部。与周围的大草原环境相比，季风雨林有着独一无二的植被。走进它，将带你探索别有风味的雨林风光。

金伯利地区还有一千多处干性雨林等待着发现和探索。这些雨林大多散布在隐

※ 澳大利亚湿热带雨林

秘的山谷和雨量充沛的海岸地区，生长着300多种植物，大部分都是这里独有的。这里还是一些数量不断减少的野生动物的栖身之所，包括一些鸟类和蛇类，以及濒危的鳞尾负鼠。

◎澳大利亚雨林中的动植物

得天独厚的环境给不同种类的植物、动物（袋鼠以及鸟类等）提供了

※ 树袋熊

优越的生存空间，同时给那些稀有的濒危动、植物提供了良好的生存条件，引人入胜的景致与稀有而且濒危的动植物种类共存在这片雨林中。

仅在世界遗产保护范围内生长着的稀有或濒危植物就有 395 种以上，世界上 19 种原始有花植物科目中，该遗产保护区内就有 12 种，雨林中一些树已经有 3000 多年树龄，最高的达到 60 米。至今，雨林中已经发现 210 个属类的约 3000 种植物，包括 65％的澳大利亚蕨类植物、21％的澳大利亚苏铁类植物、37％的澳大利亚针叶植物、30％的澳大利亚花类植物等。

澳洲动物有南几内亚食火鸡、麝袋鼠等。50 多个动物种类是这个地区所独有的，三分之一的澳大利亚有袋类动物、四分之一的蛙类与爬行动物和大约 60％的蝙蝠与蝴蝶物种都生活在这片湿热地带。北昆士兰热带雨林是食火鸡的栖息地，它是世界上最大的不会飞的鸟类；澳洲最原始的袋鼠——古氏树袋鼠也生活在这一地区。

考拉既是澳大利亚的国宝，也是澳大利亚奇特的珍贵原始树栖动物，属哺乳类中的有袋目考拉科。分布于澳大利亚东南部的尤加利树林区。考拉虽然又被称为"树袋熊""考拉熊""无尾熊""树懒熊"，但它并不是熊科动物，且它们相差甚远。熊科属于食肉目，树袋熊属于有袋目。

拓展思考

1. 袋鼠是澳大利亚的象征和国宝，澳大利亚为什么要给予袋鼠如此高的荣誉呢？

2. 分析澳大利亚的气候特点。

地球上的沙漠雨林

呀诺达热带雨林

Ya Nuo Da Re Dai Yu Lin

人们形象地把分布在美洲、非洲、亚洲三大块上的热带雨林，比作是环绕在地球赤道周边的一条翡翠项链，而中国海南岛的热带雨林，就是这条翡翠项链上的最闪耀的宝石。"呀诺达"雨林是这闪耀宝石中璀璨的一颗，它是海南五大热带雨林精品的浓缩，是目前海南保护、开发、利用热带雨林、最具观赏价值的热带雨林博览馆。

※ 呀诺达热带雨林

海南呀诺达雨林文化旅游景区地处三亚市郊 35 千米处，位于保亭黎族苗族自治县三道镇，是中国唯一地处北纬 18 度的热带雨林，是海南岛五大热带雨林精品的浓缩，堪称中国钻石级雨林景区，是国家"AAAAA"级旅游区。

雨林，像一个原始而神秘的精灵，用它独有的雨淋淋、绿幽幽的名字，吸引着一代又一代人探寻的目光，把人带到心底最向往的地方。热带雨林对于人类来说，不仅是一部尚未读懂的"天书"，更是一个丰富多彩、人迹罕至的"绿色王国"。

在我国，热带雨林目前仅存于云南西双版纳和海南岛，是印度至马来西亚雨林群系的一部分，也是世界热带雨林分布的北缘，因而在纬度分布上有其独特的代表性。

海南全省的热带雨林面积就占全省总面积的 17.3%，由五指山森林区、坝王岭森林区、尖峰岭森林区、吊罗山森林区和黎母山森林区组成的五大热带雨林、季雨林原始森林区，蕴含着极为丰富热带雨林生物资源。

海南呀诺达雨林有丰富的生物，增添了雨林的氤氲，是人类与万物和谐相处的自然天成。透过山海的阳光，让人们在这里尽情地呼吸清新的空气，与雨林一起追逐绿色的渴望，构建人们横跨古今、物我两忘的心灵对话时空隧道，激发人们回归自然、敬畏自然、爱护自然、天人合一的梦幻奇想。

※ 呀诺达雨林

如果你置身其中，就会深切的感受到自己灵魂的净化以及思想的升华，只有通过雨林浸润，才能获得与大自然、与人生、与天地、与神灵有着心灵贯通的造化与默契。

▶ 知识链接

　　中华药膳源远流长。"呀诺达雨林药膳"是中华民族的宝贵文化遗产。它汇集中华药膳的精华，在传统工艺的基础上不断创新，运用独特的烹调技法，结合海南地方特色，将雨林中的山药、野菜、野生菌、土鸡、水库鲜鱼、特色蔬菜引入药膳，形成了独具特色的雨林药膳。

| 拓展思考 |

1. 呀诺达雨林中的"四海奇观"是？
2. "呀诺达"是什么意思？

婆罗洲岛热带雨林

Po Luo Zhou Dao Re Dai Yu Lin

婆罗洲即加里曼丹岛，是一个热带雨林地区，跨越马来西亚、印度尼西亚和文莱三个国家，是世界上第三大岛，也是亚洲热带雨林中面积最大的雨林区之一，这里的雨林树冠浓密，树干笔直，最高的可达六七十米。为了支撑这样高大的身躯，这些树的根部通常长着特殊的板根。而从根系间生长的巨藤，把大树缠绕，成为热带雨林中的奇妙景观。

自 2005 年 7 月到 2006 年 9 月，科学家在婆罗洲总共 22000 平方千米的热带雨林核心区，共发现鱼类 30 种、树蛙 2 种、姜科植物 16 种、树木 3 种树木和 1 种阔叶植物。古老的热带雨林成了一个动物乐园。岛上动植物种类丰富，五彩缤纷的珊瑚和海洋生物密布在近海地区的礁石间。假如你来到这里，千万别错过野生猴子，尤其是红毛猩猩。

走进雨林，会很快发现树干上充斥着形形色色的着生植物，只要有立

※ 婆罗洲岛热带雨林

足之处，几乎到处都能够发现着生植物的影子，特别是树干弯曲或分枝的地方。有时一棵树上会有数十种甚至上百种的植物附生，重量可达数吨。由于负担过重，大树枝条常因此折断而落地，特别是在大雨后，雨水增加了不少重量而难以负荷时。

※ 红猩猩

藤蔓类是雨林中最常见的着生植物。那些巨藤粗蔓犹如条条扭动的大蟒，盘旋上升着直攀树顶，用浓密旺盛的树叶把大树的整个冠顶盖住，使大树因为长时间接触不到阳光而最终死亡。为了摆脱树藤的纠缠，有些大树"巧妙地发明"出一套"脱逃"功夫，即每隔一段时间，剥落整张树皮，使攀爬在它上面的树藤滑落地面从而摆脱纠缠。可有些树却仍旧无法摆脱藤蔓的"纠缠"，最终死于藤蔓之缠。

榕树表面上是一个充满爱意的恋人，它紧紧拥抱着大树，与其难舍难分。但随着时光推移，它的根长得更粗更多，拥抱的力量也越来越强大，最后把大树勒死，于是这棵榕树就取代了原来的树木，在热带雨林中谋取了一席之地。

婆罗洲热带雨林内部，不同种类的生物，根据所处的高度不同，分出了不同的层次，生物多样性就这样体现在物竞天择中。

充沛的阳光和温湿的环境使婆罗洲这个亚洲热带雨林，成为多种植物和动物栖息的最佳场所。

长鼻猴是加里曼丹的特有动物。它们有着出奇大的鼻子，雌性长鼻猴的鼻子比较正常，而雄性猴子的鼻子会随着年龄的增长越来越大，最后形成像茄子一样的红色大鼻子。它们激动的时候，大鼻子就会向上挺立或

※ 长鼻猴

上下摇晃，样子十分滑稽。

除丰富的自然生态外，婆罗洲也因为多民族的融合而呈现出多元的文化，其中，原住民文化是非常重要的一部分，以伊班族人口为最多。这个曾被称为"婆罗洲的野蛮部落"融合了原住部落的传统和大自然的无拘无束。在这里，你可以造访隐秘在丛林中的长屋，可以和皮肤黝黑、身上纹满纹身、插满各色鸟羽头饰的原住民一起跳舞，还可以和各式各样奇特的热带生物近距离接触。

▶ 知识链接

如果在某个夜晚，你梦见自己乘了大船顺着浑浊的江河漂流，梦见像野人一样穿越茂密大的丛林，梦见炊烟袅袅的长屋和酒醉后狂放的舞步，梦见奇怪的生物和隐蔽的洞穴，梦见吹箭筒和猎取人头的蛮人……如果上述介绍让你看了以后对婆罗洲魂牵梦萦，那么，你就应该去沙捞越，那里是婆罗洲最经典的代表，要论冒险和刺激，没有什么地方可以与之相媲美。

拓展思考

1. 婆罗洲岛的热带雨林面种占总岛面积的多少？

2. 与其他城市相比，婆罗洲岛的特别之处在于哪些方面？

缅甸的热带雨林

Mian Dian De Re Dai Yu Lin

※ 缅甸热带雨林

缅甸位于东南亚，是一个具有多样化和美丽景致的国家，它的美主要体现在：气候温和，自然景色清秀亮丽。

缅甸一年四季气候宜人，主要是因为它的地理位置。缅甸国土的森林覆盖率达 50%。全国拥有林地 3412 公顷。现有热带雨林面积 223390 平方千米，现有热带季雨林面积 88460 平方千米。推测原有热带森林总面积为 600000 平方千米。

雨林中有着葱郁的密林，雾气缭绕的群山，还有静静流淌在山间的小河，处处都流露出这个国家的天然和质朴。诱人的景致随气候变化而不停变幻。缅甸文坛上流行的十二花季诗就是描写大自然所呈现的丰富多彩。

景观主要包括茂密的热带森林，广阔的沿海红树林，高山和平原地区少雨。热带雨林中的参天大树，让人感觉一片绿茵盎然。生态环境多为热带沟谷雨林或热带湿性季雨林中，山地及河谷阴湿处。

知识链接

热带雨林路旁的有毒植物与一般普通的植物没什么两样，但劝你还是乖乖地离它们远远地，小心翼翼绕道而行比较好。

拓展思考

缅甸热带雨林中的自然奇观是什么？

地球上的沙漠雨林